东坡饮食文化

主　编◎李　涛
副主编◎张　民
编　委（按姓氏拼音排序）
蒋　静　庞　博　万　敏　赵　兵　周彩虹

四川大学出版社
SICHUAN UNIVERSITY PRESS

图书在版编目（CIP）数据

东坡饮食文化 / 李涛主编. -- 成都 : 四川大学出版社, 2024. 8. -- ISBN 978-7-5690-7039-2

Ⅰ. TS971.202

中国国家版本馆 CIP 数据核字第 2024HL2061 号

书　　名：东坡饮食文化
　　　　　Dongpo Yinshi Wenhua
主　　编：李　涛

选题策划：龚娇梅
责任编辑：龚娇梅
责任校对：李　梅
装帧设计：墨创文化
责任印制：李金兰

出版发行：四川大学出版社有限责任公司
　　　　　地址：成都市一环路南一段 24 号（610065）
　　　　　电话：（028）85408311（发行部）、85400276（总编室）
　　　　　电子邮箱：scupress@vip.163.com
　　　　　网址：https://press.scu.edu.cn
印前制作：四川胜翔数码印务设计有限公司
印刷装订：四川五洲彩印有限责任公司

成品尺寸：185mm×260mm
印　　张：8
字　　数：183 千字

版　　次：2024 年 11 月 第 1 版
印　　次：2024 年 11 月 第 1 次印刷
定　　价：42.00 元

本社图书如有印装质量问题，请联系发行部调换

扫码获取数字资源

四川大学出版社
微信公众号

版权所有 ◆ 侵权必究

目　录

第一章　北宋饮食与东坡滋味

【学习目标】

· **知识目标：**

熟悉北宋的饮食文化观念，掌握北宋饮食文化特征。

· **能力目标：**

能结合北宋饮食文化特征，分析苏轼笔下的饮食文化。

· **素养目标：**

增强对北宋饮食文化的亲近感，培养对中国传统饮食文化传承创新的意识。

第一节　北宋饮食体系

纵观中国饮食文化，魏晋南北朝时如百味锅，东西南北各不同。隋唐时就像混合锅，南北东西烩于一炉。经历了五代十国的分裂和动荡之后，隋唐融合重建的汉饮食文化成果在宋代得到了强化和巩固，并且在更高层次上达到了统一，主要呈现为三个方面：汉饮食文化圈内形成了不同的地区风味；椅桌合餐取代了跪坐分餐；统一了饮食产品类型应用模式。

中国饮食文化自先秦开始，出现了饭与菜的分化，至两汉魏晋，整个社会饮食文化经历了春秋战国以后的第二次巨大的多民族融合、更新和重建，西域传入的食物和香料如核桃、土豆、胡饼、芝麻、花椒等多达几十种，极大地丰富了中原的饮食内容。胡桌胡椅自汉代传入，到宋代餐馆才呈普及之势。宋人桌椅团坐合餐的形式，取代了席地而坐分餐的习俗。西域的饮食文化传入中原，西域之风一直激荡到盛唐，对西起巴蜀、南达粤海、东到吴越、北至幽燕的广大空间内的饮食文化乃至宋代汉饮食不同区域风味化的形成产生影响。宋代吴自牧的著作《梦粱录》记载："向者汴京开南食面店，川饭分茶以备江南往来士夫，谓其不便北食故耳。"北宋的"川饭分茶"是为川地士大夫"不便北食"而设。这里所指南食、北食、川饭，实质都是汉饮食文化一体化发展中区域风味分划的表现。例如今天东南的淮扬、华南的粤海风味属于南方烹饪体系，京鲁及秦晋的黄河流域中原风味归于北馔体系，川湘风味对应于西南和华中地区。随着饮食产品类型的完善和烹饪工艺的精进，中国饮食在宋代逐渐形成门类齐全、规模巨大的自足型食品系统和饮食产品类型应用模式，同时代其他各国于此难以企及。

北宋饮食不仅品类完善，品种繁多，而且注重营养，烹饪技法也形式多样，饮食结构体系呈现出多元调和的特点，这从主食、副食、调料及其制作上都充分展示出来。

一、主食

《黄帝内经》最早提出“五谷为养，五果为助，五畜为益，五菜为充”，其中“五谷为养”肯定了五谷作为主食的地位。中国人的主粮在唐代主要是粟、麦、稻三种。11至12世纪，水稻一年两熟，产量增加了一倍，至宋代小麦与水稻种植面积不断增长，超过了粟类，引起了人们主食结构的变化，逐渐形成主食由饭、粥、面食三大类型构成。主食结构的变化，让制作方法愈加丰富多样，而制作方法越多，食物口味也越丰富。这一系列的发展变化推动北宋成为中国古代烹饪发展的定型期。

以下就宋人三大类主食——饭、粥、面食及其制作分别进行介绍。

（一）饭

宋朝时期的饭食品类繁多，既有单纯以谷类、麦类烹制的米饭、麦饭和粟饭，也有以谷类搭配各种食材而烹制的饭食，让饭食更加有滋有味有形有色的同时，呈现出主辅调和的主食喜好。在南宋进士、美食家林洪的饮食文化名作《山家清供》中就记录有二红饭、玉井饭、金饭、蟠桃饭、蓬饭、青粳饭等丰富多彩的饭食。虽然烹饪方式同样是蒸、煮，但宋人已能烹饪出内容丰富多元的饭食。

（二）粥

粥类因被宋人视为养生的膳食而盛行，谷类、蔬食及海鲜这些形形色色的食材，表明宋人的主食食材丰富、搭配多元、品类繁多。周密的《武林旧事》一书就提及，宋人日常食粥，名目有九种之多。《山家清供》也记录有粥类五种。此外，以粥为药膳在宋代也是常见的饮食方式，北宋官修医学著述《太平圣惠方》所载药粥方已经有一百三十余种。

（三）面食

面食是在宋代饮食文化中大放异彩的主食之一。宋人日常的面食主要分面条、馒头和饼类，蒸、煮、烤、烙、煎、炸一应俱全，而又以蒸、煮、烤三种为主。宋人制作馒头的方法虽然已经与今天类似，但是多有馅，果蔬、肉类、海鲜馅的加入，让朴实的馒头变得更加可口诱人。煮制的面条、烤制的饼同样五花八门，据统计“各种面条，其品种有近百种之多”[1]，仅北宋孟元老所著《东京梦华录》中有关面条就记载了插肉、笋泼肉、丝鸡、三鲜、虾棋子、大燠、桐皮熟脍面等几十种名目；饼类花色繁多，以胡饼为例，就记载有门油、菊花、宽焦、侧厚、油果、髓饼、新样、满麻等名目。面食种类的繁盛也与当时发酵技术的成熟及其在北宋初期的普及直接相关。

两汉时期，随着胡食的传入，出现了“小食”的分化。小食意为非正统之食，最初流行于上层社会，至唐代于中下层盛行，并且迅速发展，成为相对独立于面食的饮食门类，有了点心的食用意义。到宋代，点心直接成为一类食品的代称，点心、面食分化明朗化。例如《梦粱录》在“荤素从食店”条中记有市肆诸色点心，主要有馒头类、包卷类、糕团类、饼类、夹角类、果子类、糖食类及一些杂色点心类，共一百余种，里面并无面品；而“面食店”条中则记有猪羊盒生面、丝鸡面、三鲜面等十余个品种，并无点心。

二、副食

副食主要分为肉禽类、水产类、果蔬类、羹类。北宋时肉类食品以家畜、家禽为主；水产海鲜也成为日常饮食的一大品类，很受人们喜欢；蔬菜水果的品类也基本定型。

（一）肉禽类

北宋时期，羊、猪、牛、鸡、鸭、鹅的饲养模式沿袭唐代，但宋人养殖技术和消费水平的大幅提升，促进了家禽家畜养殖数量与质量的大幅提升。因羊肉及其脏器被北宋人视为食养尚品，食羊习俗从北宋延续至南宋。但宋代养殖羊的条件南方远不及北方，因而羊肉在宋人肉食结构中显得既常见又贵重，也更盛行于宫廷贵族之间及殷实之家。此期以羊肉为主料的肴馔也更丰富，如《东京梦华录》一书就记录有四十余种，所用原料包括“羊肉”“羊头”“羊蹄”“羊肠”“羊舌”“羊骨”及“羊血”等。猪肉地位次于羊肉，但因其价廉物美，成为民间消费最多的肉类，也被制作成了丰富多样的菜肴，如见于文献中的猪腰子的做法就多达 6 种。苏轼贬谪黄州时曾作《猪肉颂》，就和城市中人们食猪肉的风气有关。他发明的“东坡肉”酥香味美，价钱不贵，传扬至今，深受人们喜爱。宋代的家禽养殖中，养鸡技术最为发达，普通农户养殖规模已达数百只之多，这也促进了鸡肉在宋人肉食结构中的占比不断提升。

（二）水产类

北宋时期，人们已经逐渐消除了视水产海鲜为蛮夷陋食的偏见。水产海鲜在宋人菜肴中占有重要的地位，鱼、蟹、虾、螺各类品种一应俱全，而以鱼类为主。烹饪方法多

---

① 邱丽清．苏轼诗歌与北宋饮食文化 [D]．西安：西北大学，2010 (5)：8.

样，且追求审美意趣，诸如莲房鱼包、炙鳅、蟹酿橙等肴品既让人赏心悦目，又富有风味。宋时北方的水产品不仅从南方运输，还进行专门的养殖，并形成了销售行业，比如开封鱼行。

除此之外，野味也被宋人喜爱。《东京梦华录》记载东京（今开封）市场日常售卖野狐肉、獐巴、鹿脯、新法鹌子羹、煎鹌子、盘兔、炒兔、葱泼兔等。苏轼吟诵美食的篇章中也不乏野味的踪影，诸如“泥深厌听鸡头鹘，酒浅欣尝牛尾狸。”（《送牛尾狸与徐使君》）[①]“土人顿顿食薯芋，荐以薰鼠烧蝙蝠。旧闻蜜唧尝呕吐，稍近虾蟆缘习俗。”（《闻子由瘦》）[②]

（三）果蔬类

蔬菜是宋人除主食之外的第二大类食品，在平民阶层，蔬菜显得更为重要。古代园蔬种类的增加主要通过三种途径：一是野菜由采集走向驯化与栽培；二是由栽培选育产生新的蔬菜变种；三是异地的菜种传入进行栽培。宋代蔬菜已多达上百种，蔬菜的栽培技术和产量明显提高，蔬菜的产销也形成规模，其专业化和市场化程度主要表现为蔬菜基地的形成，以及出现了专门的菜行。北宋蔬食发展处于巩固期。

北宋水果的基本品种与前朝相关，但是水果与饮食的关系更为密切，水果可以入饭，比如蟠桃饭，可以入粥、入饼，还可以作为菜肴。《东京梦华录》中“饮食果子”篇就提到了三十多种水果，有生果、干果和熟果，种类繁多，容纳南北。果品的生产在北宋成为专业化生产的门类，并出现了水果专卖，反映了宋代果食之风盛行。

（四）羹类

羹是宋人饮食中的菜肴，其中东坡羹颇负盛名。它用大白菜、萝卜、荠菜揉洗去汁，下菜汤中，入生米为糁，入少量生姜，以油碗覆盖，放在饭锅中；饭熟，羹也可吃。苏东坡在《狄韶州煮蔓菁芦菔羹》一诗中写道：“谁知南岳老，解作东坡羹。中有芦菔根，尚含晓露清。勿语贵公子，从渠醉膻腥。”贬居海南，苏轼生活困苦，饮食常有不济，但他仍留下制作菜羹的生动文字：“汤蒙蒙如松风，投糁豆而谐匀。覆陶瓯之穹崇，谢搅触之烦勤。屏醯酱之厚味，却椒桂之芳辛。水初耗而釜泣，火增壮而力均。滃嘈杂而麋溃，信净美而甘分。”（《菜羹赋》）体现了苏轼豁达开阔的胸襟、幽默的天性和对生活的热爱。

另外，北宋酒、茶的加工技艺也有很大发展，而且有很多新品种诞生。茶的采摘和制作更有技术讲究，斗茶之风随之兴起。茶事至宋时已达鼎盛。北宋末期成书的《北山酒经》在我国古代酿酒历史上学术水平最高，完整地体现了我国黄酒酿造技艺之精华，反映了北宋酿酒的成熟。

① 李定广．中国诗词名篇名句赏析：下［M］．北京：华文出版社，2020：133．
② 曾枣庄，舒大刚．苏东坡全集·诗集卷四十一［M］．北京：中华书局，2021：738．

总之，北宋饮食不论从主食还是从副食来看，都比前代更为繁复和精细。不仅饮食原料进一步丰富，加工和制作技术也更为成熟，菜肴不仅注重营养，也更讲究色香味俱全，具有艺术性。

三、调料

调味是将饮食从烹饪提升至烹调的关键因素，宋代是我国古代调味的基本成熟期。北宋时人们已广泛使用盐、酱、醋、糖、酒五种调料调出菜肴五味，让菜肴别具风味。

五味调料之中，盐居首位。在海盐、井盐及池盐的炼制中，晒盐法、汲卤盘车等新兴技艺促进盐的产量与质量大幅提升。除了取之自然的食盐，宋人还好用人工酿制的咸味调料。酱油即首创于北宋，并成为重要的调味品。食醋始于西周，自唐以后才逐渐在百姓中普及，北宋醋的酿造技术业已成熟，食醋之风开始盛行，有“杯盘之间，非醋不可举箸”之说，甚至还有“欲得官，杀人放火受招安；欲得富，赶着行在卖酒醋”的民间俗语。醋具有杀菌、消肿及治疗头疾等功效，因此醋在北宋也被作为制作养生药膳的调味料。《太平圣惠方》中醋作为佐药多次出现。例如，在治疗伤寒、壮热头痛，发疮如豌豆时，可“以醋半小盏，合猪胆汁，煎一沸，放温为一服”。

至北宋，用于烹饪的食用油的种类变多，宋人除沿用前代的芝麻油和动物油外，还用食豆油、菜籽油、大麻油、杏仁油、红花子油、蓝花子油、蔓菁子油、鱼油等。豆油的制作始于北宋。

糖在北宋很兴盛，被广泛用于各类饮食生活中，用于除腥、提鲜、增加口感和香味，成为重要调味品之一。宋代主要食用蔗糖，另外还有乳糖、蜂糖、冰糖等诸多品类。仅在《武林旧事》“果子”一章中，便有“糖丝线”“十般糖”“糖脆梅”“韵姜糖”“花花糖”“糖豌豆”“乌梅糖”“玉柱糖”“乳糖狮儿”及“诸色糖煎蜜”等十余种吃食，表明糖类小吃成为宋人消闲吃食的一大类别。

除了盐、酱、醋、糖四类基本调味品，葱、姜、椒及酒也被宋人视作调味尚品，广泛运用于烹调之中。

苏轼曾与朋友讨论“食次”，在他看来，理想的“食次”应：“烂蒸同州羊羔，灌以杏酪，食之以匕不以箸；南都麦心面，作槐芽温淘，糁襄邑抹猪，炊共城香粳，荐以蒸子鹅；吴兴庖人斫松江鲈鲙，既饱，以芦山康王谷帘泉，烹曾坑斗品。”（《记食示客》）其中的“槐芽温淘”即“冷淘”，是一种去火清热的面与菜制素食，价廉而物美，在城市食店里流行。其中美食单看名字已富有情趣，再看制作法，还未品尝就感觉鲜香味美。这个食单也流露出流放海南儋州之后，苏轼对中原饮食的思念。

第二节　北宋饮食文化观念

中国饮食文化的发展，起于先秦，汉唐时进入迅速发展、多元并进阶段，两宋是迈向成熟的时期。宋人的饮食习惯呈现出尚“味”、调“和”、养“身”三位一体的文化追求。

一、尚“味”之趣

“味”源于中国古典饮食文化，与中华文明中的审美意识相关。《说文解字》注解“美”：“美，甘也。从羊大。羊在六畜，主给膳也。美与善同义。”可见“美”之起源与味觉息息相关。朱光潜认为“艺术和美也最先见于食色”。海外学者笠原仲二也认为，古代中国人最原初的对美的意识起源于味觉美的感受。因此，饮食文化中，“味”已经不仅仅是味觉，也是心理体验，是融感知、想象、情感等各种心理功能于一体的心理活动。

宋人“合和”的审美观念影响着饮食文化，在“味”的追求上不同于汉唐。宋人调味，是既保存食材“本味”，又精于烹饪调和。这种调和，并非全然泯灭食物味性去创制新味，而是使食之“五味”（酸、甜、苦、辣、咸）相互依存而又相互制约，从而达到“不同而和”又“和而不同”的境界。这一时期的调味较汉唐更精细，已经与现代调味手法类同。

以宋《吴氏中馈录》记录的“肉生法”烹饪方式为例：“用精肉切细薄片子，酱油洗净，入火烧红锅爆炒，去血水，微白即好。取出切成丝，再加酱瓜、糟萝卜、大蒜、砂仁、草果、花椒、橘丝、香油拌炒，肉丝临食加醋和匀，食之甚美。”它清晰地呈现出宋代烹调三步骤：首先是汲取食材原味的基本调味，其次是利用重香型调味品，诸如花椒、草果等祛除腥膻的辅助调味，最后是加入盐、醋等予以定型调味，达到五味调和。

另外“本味”调和的饮食观念在北宋也广为普及，尤其在文人士族群体中，饮食的“本味”有别于食材的原味，它是指经过烹调后祛除了食材中不宜食用的自然味性，即“灭腥去臊除膻”后呈现的味性。还原食物“本味”，方可求其“至味”。从美学角度而言，味可分为真味、鲜味、原味、淡味、清味。宋人推崇饮食“淡无味”，认为清淡才是至味，朴素才是至美，但宋人的“淡无味”并非否定五味，而是提倡恬淡为上的美。这样的饮食观，也是宋人传统文艺风格的显现。

二、调“和”之道

“和”是饮食之美的最高境界。《说文解字》注释：“和，相应也。”“和”是由“禾”与“口”组合而成的，其中“禾”，本义为粟，后泛指五谷；“禾”与“口”组合在一起，意为入口之禾物，通过“和”体现了先人渴盼与自然社会和谐共处的愿望，是朴素的“天人合一”观念的体现。

（一）饮食烹调之“和”

宋人在重视食味的同时，也将调和之道贯穿于烹调整个过程。既要调和食物之形、色，使肴馔外在形态的整合与搭配和谐均衡，更要实现食物味性的五味调和，即将食物之味与调料之味达成味性平衡，甘、酸、苦、辛、咸五味搭配合理。

进一步看，宋人饮食文化的调和之道还在于“味”与人之间的调和：食物取于自然，是人类感知自然的重要途径。苏轼《送参寥师》云：“ 咸酸杂众好，中有至味永。”“五味”相调和的食物，才能称作“至味”。而这种“和”的境界，超脱了饮食层面，成为宋代文人向往的一种精神境界，彰显冲和、淡远之美，呈现出特别的精神气度。

（二）饮食意境之“和”

宋人食艺精深，其饮食文化的调和之道，还表现在进餐过程中，饮食、环境、乐舞及游戏的相谐相和，彰显一种饮食意境之美。

宋代宴饮游戏以娱乐为目的，或投壶射箭或吟诵诗词，亦有行助酒令、掷骰划拳者，融机巧性与艺术性为一体，诙谐生动，能充分调动席间氛围。宴饮游戏合乎场所环境，更合乎审美主体的精神气度，可谓“因情境而游戏，寻情境而游戏”，尽显宋人生活意趣之美。宋人的宴饮还彰显其生活意趣与审美情感之和。在宴饮中以舞乐佐酒助兴，实现声乐之和、耳目之和、情神之和。《东京梦华录》中载有宋徽宗寿诞举宴之盛况，每行一盏御酒，皆舞乐表演相侑，声味并举，尽显庄严。宋人饮茶之风盛行，沿街两旁茶肆林立，茶肆茶坊建造设计风格迥异，以供各类人群选择。

宋代文人常设饮酒赋诗宴于茂林修竹之间，所食所饮亦清雅素淡，如此饮馔与游戏皆合乎意境心境。贬谪黄州的苏轼与友人带着酒肴游赤壁，在月出东山、水光接天的长江泛舟，洞箫声起，扣舷而歌，吃着自家烹制的松江鲈鱼，饮酒作赋，抒写出流传千古的诗文。总之，乐得以耳和，舞得以目和，食得以口和，通过诸种官能之和，达到个体审美情感上的和谐交融，在饮食活动中渗透着中正合和的美学情思。

三、养“身”之旨

中国古代重生保身的观念在先秦《周礼》《吕氏春秋》中已经有论述。《黄帝内经》

首次将食疗养生纳入中医学的体系。食疗养生至宋代已臻于成熟。宋人不以食疗作为药疗的辅助，而是认为食疗先于药疗，崇尚食疗为本。宋代医学家还将药膳化为易于操作实现的食方，以助食疗的普及。

（一）北宋食疗养生之风

北宋用于食疗的食材较之以往品类有所增加，范围逐渐扩大，形式也更多样。不少食物如豌豆、胡萝卜、香菜、银杏等，首次见于《绍兴本草》中。这一时期食疗养生所用的食材更加日常化，加之不同烹饪方式的出现，也让食疗食材能发挥更多功效。所用的食材，诸如生姜、枸杞、胡麻、杏仁等日常更易获得，推动了食疗养生的大众化。而且不同的烹饪方式，能让食材发挥不同疗效。譬如“枸杞煎方，治老人频遭病，虚羸不可平复。”制法也极为简易：“生枸杞根细剉一斗，以水五斗，煮取一斗五升，澄清。而后以微火煎取五升，去滓即可。”《太平圣惠方》有以枸杞合以温酒，长久服用即可“诸疾不生”。宋时食疗形式与制法既显多元化，也具审美性。《山家清供》中即载录有“如荠菜”：“用醢酱独拌生菜，然作羹，则加之姜、盐而已。”用料制法简单，却有“安心益气”之效。还有诸如“醒酒菜”“百合面”等多种强身健体的养身食疗方。

除了“医食同根”“药食同源”的养生观念，宋代食素饮茶、节制饮食及调和食味等饮食观念也颇具养生之道。首先，北宋整体呈现出素朴淡雅的食风，这与士人群体息息相关。宋人将蔬食淡味视作美味，在彰显其淳朴自然品性心境的同时，也具有一定的健气养生之效。苏轼在《东坡志林·记三养》中写道：“东坡居士自今以往，不过一爵一肉。有尊客，盛馔则三之，可损不可增。有召我者，预以此先之，主人不从而过是者，乃止。一曰安分以养福，二曰宽胃以养气，三曰省费以养财。”这既是养生之道，亦是人生哲学。茶因为独特的性味及功效被视为提神益寿、中和性致的养生佳品，素有“兴来进酒，睡起分茶”之说，北宋时期饮茶之风已然蔚为大观。其次，宋人饮食尚节适度，节俭的生活姿态有助于达成养生的目的。“已饥方食，未饱先止。”（《养生说》），这种节制饮食的观念被宋人视作一种养生之道予以践行。此外，宋人还强调调和食物味性以养气的饮食观念。不仅注重食物味性与药性之调和，还强调食物味性与四时节序也应相谐相合。“当春之时，其饮食之味，宜减酸益甘，以养脾气。”而“当夏之时，宜减苦、增辛，以养肺气。”

（二）养生在饮食文化中的体现

宋人强调食补的饮食养生观念，食养食疗理论发展至宋代已然较为完备，以食养生更是成为时人风尚。相较于前朝历代盛行的服食金丹以求长生的方法，宋人的养生思想更加科学。

先秦、魏晋时期是中国古代身体意识发轫、发展时期，除了食疗养生之法，时人还好服药、痴迷于炼丹之术以追求肉身永恒。典型如魏晋士人好服“五石散”，以求肉身不朽不老。宋代受道教思想的影响，虽不及魏晋，但道教仍作为主流教派被统治者重视与推崇。宋时，炼丹服药之法虽已不被人信服，但仍被视作养生之道载录于医药典籍之中。《太平圣惠方》中设有一卷专论“丹药”“药酒”。苏轼在《东坡志林·修养篇·阳丹诀》中留下了他的炼丹手册：“冬至后斋居，常吸鼻液，漱炼令甘，乃咽下丹田。以三十瓷器，皆有盖，溺其中，已，随手盖之，书识其上，自一至三十。置净室，选谨朴者守之。满三十日开视，其上当结细沙如浮蚁状，或黄或赤，密绢帕滤取。新汲水净，淘澄无度，以秽气尽为度，净瓷瓶合贮之。夏至后取细研，枣肉丸如梧桐子大，空心酒吞下，不限丸数，三五日后服尽。夏至后仍依前法采取，却候冬至后服。此名阳丹阴炼，须清净绝欲，若不绝欲，其砂不结。”

不论是食疗食补之法，还是炼丹服药之术，均体现了宋人热衷于探究养生益气之道，渴望永葆身体之美，在追求身体愉悦感的同时，注重将身、心、精、气融为一体，从而达到一种融合完满的审美境界。

第三节　北宋饮食文化特征

在宋代社会，士人群体与市井庶民的饮食文化生活各具风格，彰显不同的价值追求，“这一时代里中国人并重理想与现实，兼备雅与俗的口味”[①]。本节将分别从雅俗兼备与乐求新变两个维度来说明。

一、雅俗兼备，和而不同

“士”群体是宋代文化的象征。宋代以世俗地主与自耕农经济为基础的后期皇权政治，置换了分裂割据后趋向极端的专制集权。通过完善科举制度和书院制度，宋代教育打破了门阀贵族限制，比唐代更开放，更具有普及性，形成了一种平民化的特点，由此产生了更广泛的文化阶层。宋代更多人成为白衣卿相，形成了“郁郁乎文哉”的社会文化气候。科举及第的士人，成为具备一定学识和审美水平的文化群体。宋代文人士大夫在重文轻武的国策下，地位前所未有地优越，宋代也就成为真正的“文人天下”。随后，以周敦颐、邵雍、张载、程颐、程颢为代表的新理学兴起，表现出一种想要摒弃汉唐训诂之学而直接面向经典、回复圣人之道的气势，强调对礼治秩序的重建和对儒学的复兴。东汉末年以来，政治动荡，佛教和胡文化的大规模渗入，让世人礼的观念趋向淡薄，再经魏晋时期的反礼思潮，隋唐时期礼法观念也趋薄弱。新理学强调道学正统，推崇内在身心修养的最高实在本体，重义而轻利，让社会思潮为之一变。饮食文化的发展亦如书画一样，由俗到雅，追求饮食生活的文人气韵，讲求“逸神妙能”的饮食风范。相较于唐代饮食的社会化，宋代侧重社会饮食的文人化，广大文士阶层以其影响力推动

① 陶晋生. 宋辽金元史新编［M］. 台北：稻乡出版社，2008.

了市井雅食化，雅食与诗、书、画、玩同登大雅之堂。

雅食不同于精食，精食注重形式的精研和珍贵，就如唐代的进士段硕切鱼丝如丝缕，晋代石崇庖膳穷水陆之珍这一类。雅食更注重精神，重视人食之间的对话，透过饮食形式，品味人生的内涵，追寻天、地、人事的精神互动，即使是一块豆腐、一根竹笋，只要与饮食者真善美的境界相通，就是大雅之食。比如欧阳修的“醉翁之意不在酒，在乎山水之间也”。王禹偁称道甘菊冷淘之食，是因为“淮南地甚暖，甘菊生篱根。长芽触土膏，小叶弄晴暾。采采忽盈把，洗去朝露痕。俸面新且细，溲摄如玉墩。随刀落银镂，煮投寒泉盆。杂此青青色，芳香敌兰荪”（《甘菊冷淘》），视其为食者高洁芬芳的君子之德的映照。宋人陶谷所著《清异录》“馔羞门”记载，宋时女尼梵正，以王维所画辋川别墅二十景为蓝本，以“鲊、朧、脍、脯、醢、酱、瓜、蔬、黄赤杂色斗成景物，若坐及二十人，则人装一景，合成辋川图小样”。辋川小样可谓创制了雕刻象形冷盘的先河。苏轼自制“东坡肉”，总结出“慢着火，少著水，火候足时他自美”的要领，亦是他陷入困境仍以旷达自适立于世间的精神写照。

北宋士人追求生活品质与精神境界，乐于归隐于山野，玩物以适情，热衷于名物赏藏，并书写谱录，其谱录著作涵盖器物、花卉、鱼虫、烹饪等，内容广泛。例如，生于医学世家的陈直编写的《养老奉亲书》为现存最早的老年医学专著。这一时期所著的谱录中有一大类别就是食谱，它们记录了宋代士人极其雅致的饮食审美追求，承载着他们崇俭尚素的文人化饮食审美观念。例如，《荔枝谱》为北宋名臣、书法家、茶学家蔡襄所撰，他另撰有《茶录》一书，与宋徽宗赵佶的《大观茶论》一并将饮茶上升到品茶的审美境界，饮茶自此被称为“品茗”，彰显了我国在茶的种植、采摘、制作、鉴别、品赏方面的造诣早在此时已达精妙之境；朱肱的《北山酒经》与窦平的《酒谱》，分别为中国最早的专业酿酒著作和全方位论述酒文化现象的第一部著作。被誉为宋代文人食养录的《山家清供》，由生活于两宋时期的林洪所著，书中所载录的皆为乡野人家的清淡蔬食饮馔，以素食为主，仅少量荤腥肴馔，涉及多类餐食品种，颇具江南饮食风貌。苏轼的学生黄庭坚为江西诗派开创者、书法家，曾任秘书丞兼国史编修官，留下了《士大夫食时五观》。士大夫食时五观，就是指禅宗在用餐之前所要做的一种观想：计功多少，量彼来处；忖己德行，全缺应供；防心离过，贪等为宗；正事良药，为疗形苦；为成道业，故受此食。由此可见：“五观”写的不仅是饮食，更是生活，表达了他谨遵食时五观以修身养性、积极上进的生活态度。

除撰写食谱之外，宋代士人的交游也促进了饮食向雅致化的演变。文人雅士汇聚于花间林泉、名刹古寺，或私家园林亭馆，或茶楼酒肆，极文酒之乐，享饮馔之悦，以经史图画自娱，真率会、耆英会、九老会、同乡会、同年会，形式层出不穷，有时“耆老者六七人，相与会于城中之名园古寺，且为之约：果实不过五物，肴膳不过五品，酒则无算。以俭则易供，简则易继也。”《梦粱录》载有“汴京熟食店，张挂名画，所以勾引观者，留连食客。今杭城茶肆亦如之，插四时花，挂名人画，装点店面……皆士大夫期朋约友会聚之处。”《西园雅集图》是李公麟受驸马都尉王诜之托，以写实的方式，描绘文豪苏轼、苏辙、李公麟、黄庭坚、秦观、米芾、蔡肇、李之仪、郑靖老、张耒、王钦臣、刘泾、晁补之、僧圆通、道士陈碧虚等16人风云际会，在其府邸西园进行雅集活动的情景。松桧梧竹，小桥流水，极园林之胜；宾主风雅，或写诗，或作画，或题石，或拨阮，或看书，或说经，煮水煎茶，抚琴唱和，极宴游之乐。米芾为此图作记，即《西园雅集图记》，有云："水石潺湲，风竹相吞，炉烟方袅，草木自馨。人间清旷之乐，不过如此。嗟呼！汹涌于名利之域而不知退者，岂易得此哉?"

市民阶层的兴起，也让宋代市井饮食文化焕发了勃勃生机。

宋结束了唐王朝之后五代十国的动荡，社会安定，人口剧增，经济恢复，传统工业产量因技术的进步而大幅度提高。宋在经济发展上，实现了西方人所谓的"商业革命"。宋代商业贸易的自由化程度比唐代更高，商业的街市取代了坊市，工商业者亦可在街面设店经营商品，呈现出生机勃勃的市井经济文化生活景观。宋朝在亚洲航海方面占据开创性的地位，当时的对外贸易量甚至超过国内贸易量，瓷器、丝绸、茶叶、书画、手工业制品、造船工业对欧洲社会产生了巨大的影响，印刷术、指南针、火药对世界文明影响深远。工商业资本前所未有的发展，使宋代的大城市趋向于以商业为活力中心。北宋东京（今河南开封）作为全国政治、经济、文化的中心，发展为至方圆50里[①]的城市，也是继南朝建康、唐朝长安以后的第三个居住人口超百万的大城市，当时东京约有人口136万，每平方千米居住有38000人左右，可谓人头攒动。由于坊市被商业街取代，御街两旁店肆遍设，市井文化繁荣兴旺。公元965年，宋太祖赵匡胤下令废除宵禁制度，据史书记载，自北宋宵禁取消后，北宋东京城，夜市直至三更方尽，市坊五更又已经开张，耍闹去处，通宵不绝，"诸酒肆瓦市，不以风雨寒暑，白昼通夜"，就算"冬月风雪阴雨，亦有夜市"。安宁和繁荣的东京成为一座不夜城。苏州在北宋末年户籍也高达40万，人口超百万，南宋范成大在《吴郡志》中由衷赞叹曰："天上天堂，地下苏杭。"从事工商业的居民在城中约占三分之一，形成了数量庞大的阶层。

北宋宫廷画家张择端的《清明上河图》通过散点透视构图法，以五米长卷生动记录了都城东京的城市面貌和当时坊市间各阶层人民的生活状况，是北宋时期都城东京繁荣的见证，也是北宋城市经济情况的写照。全图分汴京郊外春光、汴河场景、城内街市三部分。其街市部分，以高大的城楼为中心，两边的屋宇鳞次栉比，茶坊、酒肆、脚店、肉铺、庙宇、公廨，医药门诊、大车修理、看相算命、修面整容，各行各业，应有尽有。商店中有绫罗绸缎、珠宝香料、香火纸马等的专门经营，图中的餐饮行业，既有挂着"正店"招牌的三层大酒楼，也有"脚店"及街岸两旁由大伞形遮蓬的食摊，人群围站食摊，从业人员忙碌着殷勤地接待……街市行人，摩肩接踵，川流不息，有做生意的商贾，有看街景的士绅，有骑马的官吏，有叫卖的小贩，有乘坐轿子的大家眷属，有身负背篓的行脚僧人，有问路的外乡游客，有听说书的街巷小儿，有酒楼中狂饮的豪门子弟，有城边行乞的残疾老人，男女老幼，士农工商，三教九流，无所不备。轿子、骆

---

① 50里=25公里。

驼、牛车、人力车（太平车、平头车）等交通运载工具形形色色，样样俱全，把一派商业都市的繁华景象绘色绘形地展现于人们的眼前。

《东京梦华录·序》中说："集四海之珍奇，皆归市易；会寰区之异味，悉在庖厨。"京城的街巷里酒楼、食店、饭馆、茶肆比比皆是，小食摊蜂攒蚁聚。史载当时汴京有"正店"七十二家，"脚店"不计其数。正店即大型酒店，建筑雄伟壮观，环境优美典雅，主要为士人阶层顾客服务；"脚店"为特色经营的酒店，著名的有王楼包子、曹婆婆肉饼、薛家羊饭、周家南食、梅家鹅鸭、曹家从食、张家乳、万家馒头等；再就是沿街串巷流动叫卖的零售熟食摊贩，他们顶盘提篮出没于夜市庙会和偏僻场巷，比比皆是。正店、脚店和流动食商组成了东京繁荣的分等划级的饮食市场，其中蕴含的饮食文化成为市民俗文化中最具代表性的内容。

至宋代，平民的生活状态已有所改变。市民阶层的饮食水准可划分为"果腹层"与"小康层"。"小康层"的平民，因文化形态较为丰富，成为世俗饮食文化的创造群体。他们的食物来源主要依靠购买与消费，在勤俭素朴的基础上，逐渐形成自己的饮食偏好，发展出属于这一群体所独有的市井饮食文化，甚至对士人阶层饮食文化的审美标准也产生了影响。例如，宫廷广搜民间菜肴制法，各地依据四时按期上贡食材。诸多乡野民间之味与市井吃食，也得以供皇室食飨。

两宋时期以羊肉为贵，士人及贵胄皆好食羊肉，王室以设"全羊宴"来象征其身份之尊贵。而市民却以食猪肉为乐，据《东京梦华录》所载，汴京每日均宰猪万余头，以供市民享用。苏轼也曾作《猪肉颂》来称赞其味美。

总之，北宋士人阶层与市民阶层虽然是位于饮食文化两端的群体，一俗一雅，看似矛盾，但是各美其美，又相融相生。

二、乐求新变，丰富多元

宋代饮食文化呈现出丰富多元的面貌，这与宋人乐求变化、勇于尝新的心理有关。这种心理的形成主要有以下两方面的原因。

（一）饮食文化的南北交融

随着北宋统一战争的胜利，南食逐渐出现在中原宋人的视野中。以水产海鲜为主的南食和粗放豪野之北食交融碰撞，新异的食材与烹饪技法在一定程度上丰富了宋人的饮食结构。南食被中原人广泛接受，从侧面也显示出宋人乐于尝新的饮食心理，这与唐代形成对比。那时中原人将岭南视为夷蛮之地，南方的食俗、食味被认为是落后、粗鄙的。北宋时期对南食的偏见逐渐淡化，对于异族风味由最初的怀疑、惊惧到津津乐道，甚至感叹南食更胜北食。譬如欧阳修于《初食车螯》中言北州吃的东西简陋，"食食陋莫加"，而南方物产丰富，"璀璨壳如玉，斑斓点生花"，因而"共食惟恐后"，对其赞不绝口。王安石、梅尧臣等诗人在《送李宣叔倅漳州》《永叔请赋车螯》等诗中也写下了称颂岭南物产富饶的诗句。

（二）市民阶层的饮食需求

商品流通及消费水平的提高，促使北宋饮食行业疾速发展，市民对饮食的追求也逐渐从原先的求饱务实提升到审美层面：主食花样繁多，副食亦品类繁盛，且皆具审美意味与创新。宋代食铺种类繁多，仅酒店就有十余种，其中有专卖馒头、包子的“包子酒店”，还有独贩羊肉的“肥羊酒店”，以及仅供沽酒的“直卖店”，食店更是品类齐全，涉及诸种主食、点心，还有不同风味的川饭店、南食店等。食材广搜珍异，样式翻新造奇，仅制作包子，种类就有五十余款，捏制成各色花型与动物造型，诸如“金银炙焦牡丹饼”“桃花饼”“寿带龟仙桃”及子母仙桃等，力图满足宋人多元的饮食审美需求。

饮食文化的发展在北宋时期达到高峰，与此同时，宋人自身的审美水平也在提升，主要体现在宋人对于食材食料的搜寻、烹饪方式的革新及营销方式的创新上。本节将分别说明。

1. 对食材兼容并包

宋人对于新异食材兼容并包，甚至到了“万物皆可入口”的境地。例如，好食野味之风，田鼠蜈蚣皆可入口，蛇蛤蚧蝗均为美食，熊掌、猴脑、象鼻、驼峰食法多样。苏轼是北宋的美食家，在他吟诵美食的诗篇中，不乏野味的踪影，如“泥深厌听鸡头鹘，酒浅欣尝牛尾狸”。牛尾狸即果子狸，梅尧臣、杨万里有称赞果子狸肉质鲜美的诗句。在被贬海南艰苦的生存环境中，苏轼安慰弟弟的诗中写道“土人顿顿食薯芋，荐以薰鼠烧蝙蝠。旧闻蜜唧尝呕吐，稍近虾蟆缘习俗”。宋人喜爱河豚之美味，欧阳修曰：“梅圣俞尝于范希文席上赋河豚诗云：春洲生荻芽，春岸飞杨花，河豚当是时，贵不数鱼虾。”苏轼在《惠崇春江晚景》《食荔枝二首》诗中也不忘河豚美味。河豚乃含剧毒之物，烹饪不慎食之有性命之忧，尽管如此，仍无法抵挡宋人对于新奇美味的追求，苏轼甚至发出“值得一死”的喟叹，足见宋人险中求味的审美追求与为美食甘愿赴死的浪漫精神。

2. 对饮食技法求新求变

宋朝猪肉菜肴独具特色，可从其讲究猪肉选择开始，由细到粗，将猪的各个部位划分为猪肉、猪头及“事件”（猪的内脏）三大类，以便烹饪时更好用料。唐朝人视猪腰为“下脚料”，宋人却把它制成美味，做法见于文献中的多达六种。宋朝素食最大的特点就是善于利用素食材料来仿制各种鱼肉类制品，如当时的假牛冻、假灸江瑶、假熬蛤蜊肉等，价廉又能吃出带“肉味”的美食。再如，受宋人重视及推崇的“茶百戏”。“茶百戏”又有水丹青、汤戏等别称，是一种以绝妙手法在汤纹水脉上绘出逼真物象的点茶技法。这种点茶法初现于唐，在宋代被发展到了极致。分茶者无须外物加持，仅运匕下汤时巧施妙诀，便可令水波纹脉呈现精妙物象，极富线条美与意境美，花草虫鱼皆可立现，且皆纤巧如画，须臾即散，徒留盏面上的层层波纹，使饮者回味无穷。这种新奇且极具审美意味的点茶手法，以其独特的艺术表现力成为备受追捧的新式技艺。

3. 营销方式创新

宋代饮食商家在营销与推广的方式上也独具匠心。商家讲求广告效应，利用门店个性化的名字、精巧的装饰或是貌美的歌伎来招揽食客。《梦粱录·卷十六·茶肆》记载："大街有三五家开茶肆，楼上专安着妓女，名曰'花茶坊'，如市西坊南潘节干，俞七郎茶坊，保佑坊北朱骷髅茶坊，太平坊郭四郎茶坊，太平坊北首张七相干茶坊，盖此五处多有吵闹，非君子驻足之地也。"《清明上河图》中，酒楼、酒旗也随处可见。《东京梦华录》记载："在京正店七十二户，此外不能遍数，其余皆谓之脚店。"有官府许可，可以自行酿酒，且酒类品种多的酒楼叫作正店。没有官府酿酒许可的酒楼和摊位，需要酒则从正店购买，酒类比较单一，因此称之为脚店。"不以风雨寒暑，白昼通夜，骈阗如此"，24 小时营业，不仅可以喝酒，还有歌伎陪酒——"向晚灯烛荧煌，上下相照，浓妆妓女数百，聚于主廊槏面上，以待酒客呼唤，望之宛若神仙"。商家还利用农历诸节来临之际做节日促销。"扑卖"是宋代独创的经营贸易模式。王安石主持施行新法之际，为鼓励市民阶层的商业贸易活动，促进城市商业经济发展，于元日、冬至、寒食三日特设"扑卖"活动，都城百姓皆可参与其中。《 东京梦华录》中有载：" 正月一日年节，开封府放关扑三日。士庶自早互相庆贺，坊巷以食物、动使、果实、柴炭之类歌叫关扑。"商家店贩皆以诸种游戏吸引顾客，对"关扑"之物品种类不做限制，食物服饰、日用百货甚至车马美女，皆可通过扑卖而得。花样翻新的经营形式促进饮食商家优势特长的发展，让饮食市场也呈现出一副生机盎然、多元并包的繁荣景象。

本章小结

北宋是中国古代烹饪史发展的定型期。北宋饮食体系呈现出多元调和之景象，形成了宋人尚"味"、调"和"、养"身"三位一体的饮食文化追求。在宋人的饮食观念中，调味推崇"合和"，既保存食材本味，又精于烹饪调和，以"和而不同"为境界；而"调和"之道既贯穿于烹调过程，又呈现于进餐过程，在饮食与环境的相谐相和中，彰显意境之美。宋人遵循饮食养生的食补观念，在彰显宋人气节风度的同时，还有颐养身体、陶冶心灵的功效。宋代饮食文化呈现出了雅俗兼备、乐求新变的特点。究其原因，有宋代士人群体透过饮食形式，品味人生内蕴，追寻天、地、人、事精神互动的气韵，也有宋代市井经济文化生活的蓬勃兴起，促进市民对饮食的追求从求饱务实提升到审美层面，士人阶层与市民阶层，一俗一雅，各美其美又相融相生，形成宋代饮食文化丰富多元的面貌。

【本章习题】

一、判断对错

1. 宋代饮食文化中的主食包括：饭类、粥类、面食、肉食 。　（　）

2. 北宋饮食文化具有雅俗兼备、乐求新变、南北交融的基本特点。（　　）

二、案例分析

请结合苏轼的作品，说明它们如何体现北宋饮食文化的特质。

参考文献

[1] 陈苏华. 饮食文化导论 [M]. 上海：复旦大学出版社，2013.

[2] 柳靖. 宋代饮食文化审美研究 [D]. 西安：西安建筑科技大学，2021.

[3] 邱丽清. 苏轼诗歌与北宋饮食文化 [D]. 西安：西北大学，2010.

[4] 王惠. 宋代饮食文化 [J]. 南宁职业技术学院学报，2006 (11)：233.

第二章　行走的美食家：宦游东坡与老饕养成

【学习目标】

· **知识目标：**

掌握苏轼的宦游经历，理解苏轼的老饕养成过程。

· **能力目标：**

能结合苏轼的生平经历感悟苏轼的豪放豁达；能理解苏轼饮食文化的精神内涵，并借此加深对苏轼的解读。

· **素养目标：**

增进对苏轼的了解，培养对东坡饮食文化的认同。

第一节　宦海沉浮，辗转南北

苏轼的人生经历，在宋代乃至古代文人中，当属坎坷不平。他从仕四十年，历仕仁宗、英宗、神宗、哲宗四朝，却频频被贬，贬地十多处，仕宦竟有四分之三以上的时间是在贬地度过。恰是这些坎坷的人生经历，开阔了苏轼的眼界，丰富了苏轼的内心，成就了一代文豪，铸就了一位美食大家。

一、苏轼的宦海沉浮

苏轼年少时参加科举便一举成名，步入仕途，曾被宋仁宗预言为北宋未来的太平宰相，但后来因王安石变法，不幸卷入了新旧党争，经历了三起三落的坎坷仕途。

“一起”：步入仕途。公元1057年，苏轼参加科举考试一举成名。录取388名进士，苏轼排第二，他的弟弟苏辙排第五。考中进士后，苏轼因母丧返乡丁忧三年。嘉祐六年（1061）八月，苏轼以“贤良方正能直言极谏科”考入第三等，获授大理评事、凤翔府签判。任职三年后，被召回朝廷，任史官。回朝廷同年五月、次年四月，苏轼妻子和父亲相继辞世，苏轼依礼守制家居。守丧期满后，苏轼返回朝廷官任原职。因与变法派意见相左，苏轼选择离京外任。神宗熙宁四年（1071）至元丰二年（1079）期间，苏轼先后任杭州通判近三年，密州太守近三年，徐州太守两年，湖州太守三个月。这一时期，他一方面尽心于吏事、努力改善民生，另一方面，他继续察验新法之弊，且以诗文加以批评和讽谏，表达了对新法的不满情绪，为"乌台诗案"的发生埋下了伏笔。

"一落"：大难临头。元丰二年（1079）三月，苏轼奉命移任湖州知州，按照惯例，苏轼进《湖州谢上表》。这封看似平常的表，成为乌台诗案的导火索。时任御史何正臣等上奏弹劾苏轼，奏苏轼移湖州知州到任后谢恩的上表中，暗藏讥刺朝政用语，随后又牵连出其大量诗文为证。震怒的宋神宗下旨将苏轼谤讪朝廷一案送交御史台根勘闻奏。御史台的审讯从八月二十日开始持续到十月中旬，审讯中，苏轼的政敌断章取义，任意曲解诗文，欲置其于死地而后快。他们轮番对苏轼进行了多日的审讯，让苏轼在狱中饱受折磨。与此同时，因为当朝宰相吴充、王安石、太皇太后曹氏等多人为苏轼求情奔走，加之太祖有除叛逆谋反罪外，一概不杀重臣、不杀士大夫的誓约，苏轼终免一死，被贬谪为"检校尚书水部员外郎黄州团练副使"。轰动一时的"乌台诗案"就此告结。贬谪黄州的苏轼，虽为检校尚书水部员外郎、充黄州团练副史，但仅限"本州安置"，不得签书公事，与当地州郡看管的犯官无异，性质接近于流放。

苏轼"二起"：东山再起。苏轼在黄州四年，宋神宗终不忍抛弃苏轼之才，元丰七年（1084）下诏，令其赴汝州。元丰八年（1085）四月，宋神宗驾崩，哲宗继位，彼时苏轼尚未就任。因为哲宗年幼，高太后摄政。高太后十几年来坚决站在反变法派一边，垂帘听政后，便启用司马光，酝酿废除新法，史称"元祐更化"。苏轼作为反对变法派的一员，在民间极具威望，自然被起用。元丰八年六月，朝廷诏令苏轼"以朝奉郎起知登州"，到任五天后又被召回京城任礼部郎中，旋升起居舍人、中书舍人，不久升翰林学士兼侍读，十七个月内由从八品升到正三品。元祐三年（1088）又权知礼部贡举。

"二落"：知难而退。苏轼声望与日俱增，朝堂的新旧党争也愈演愈烈。苏轼虽然被认为是反对变法派，但他并不纯粹反对变法。对于反对变法派尽废新法的举动，他坚持应有所吸取、有所保留地对待新法，因此也遭到了反对变法派的排挤和别有用心者的攻讦，由此被卷入了元祐党争的旋涡。苏轼在激烈的政治斗争中身心俱疲，于是选择请求外任。元祐四年（1089）七月至元祐六年（1091）二月，苏轼得偿所愿，出任杭州太守。

"三起"：再回朝廷。元祐六年六月，苏轼杭州任期已满，朝廷下诏，以翰林学士承旨召还。苏轼还朝，一入都门便遭到政敌的攻击，他们不断制造事端，以莫须有的罪名弹劾苏轼。在担任了七个月的吏部尚书后，苏轼不得不频频上疏请求外任，最终获准出知颍州。半年后，他又改知扬州。元祐七年（1092），哲宗年满十八，开始亲政。苏轼亦由扬州奉诏回京，任兵部尚书兼差充南郊卤簿使（掌管帝王驾出时扈从的仪仗队），后又进端明殿学士、翰林侍读学士、礼部尚书。至此，苏轼获得了一生最高的官位。苏轼频繁地上下左右调动，也反映了朝廷当时极端矛盾的心态。高太后一方面对苏东坡极为赏识，希望他能成为与新党制衡的政治力量；另一方面，也埋怨苏轼并未发挥制衡新党的作用。

“三落”：一贬再贬。元祐七年九月，高太后病逝。苏轼于高太后去世前获准以端明殿学士、翰林侍读学士充河北西路安抚使兼马步军总管，知定州（今河北定县），赴任前，入朝面辞不得，苏轼沉重离去。此时的宋哲宗正决心绍述神宗之政，在他的支持下，主张变法的新党再次主导政坛。苏轼在新党的挤兑下又一次横遭贬谪。绍圣元年（1094）四月，苏轼从定州知州任上贬谪到英州，途中又遭逢“五改谪命”，被贬为宁远军节度副使，惠州安置。在惠州三年后，绍圣四年（1097）闰二月，苏轼又被追贬责授琼州别驾，昌化军安置。

在谪居海南岛三年后，风烛残年的苏轼迎来了颇具反讽意味的命运反转。元符三年（1100）正月，哲宗崩，徽宗继位，大赦天下，元祐旧臣重获起用，苏轼五月获命量移廉州，六月渡琼州海峡北返，八月奉诰命，迁舒州团练副，使永州居住。建中靖国元年（1101）七月二十八日，苏轼在北归途中病逝于常州，享年 66 岁。

苏轼的一生，伴随着北宋绵延数十年的新旧党争。苏轼以一位政治家的身份积极参与当时北宋的政治建设，却因为政见与当政者有所不同而饱经磨难。苏轼的政治命运是北宋政局变动的鲜明写照。虽然新旧党人普遍都怀着安邦治国、不计个人祸福的高尚情操，但是他们对“道”与学术的不同主张，以及不断变换的统治者引发的党争，导致了苏轼无可避免的仕途坎坷。

二、苏轼的政治坚守

纵观苏轼一生，虽三起三落，颠沛流离，却一直秉持民本情怀和民生情结，宁为民碎，不为官全，恪守民胞物与的政治理念和为民请命的初心操守。

幼年时，受母亲教诲，苏轼早早就立下了“奋厉有当世志”的远大志向。在父亲苏洵的亲自教导下，他与弟弟苏辙胸怀壮志，熟读经史，纵谈古今，为建功立业做了充分的准备。青年时，苏轼在科举及制科考试中的作答就初步阐明了他一生所遵循的至仁为德、以人为本的治国理念，且有“使某不言，谁当言者”① “朝廷若果见杀我，微命亦何足惜”② 的道德勇气。

初入仕途的苏轼，和当时几乎所有士大夫一样，对北宋王朝因循守旧、苟且偷安的风气有着强烈的不满和愤懑，也清醒地意识到，国家所面临的危机已经到了必须“涤荡刷新”的紧要关头。他曾希望能为变法图强出谋划策。他从一开始就不认同王安石新法的具体内容。他反对与民争利，主张藏富于民，其更深远的考虑还在于争取民心，施行道德教化。所以他一再激烈地陈词上书，成为神宗和王安石不待见的人。在地方做官期间又多作讥讽诗文，成为新法阵营的眼中钉，数次遭受诽谤诬告，甚至差点殃及性命。尽管彼时的苏轼视新法如洪水猛兽，对新法多加批判，但对那些于民有益的政策又积极

---

① 龚明之，朱弁. 曲洧旧闻：卷五［M］. 孙菊园，王根林，校. 上海：上海古籍出版社，2012.
② 龚明之，朱弁. 曲洧旧闻：卷五［M］. 孙菊园，王根林，校. 上海：上海古籍出版社，2012.

推行。或许正因为如此，在新法随着王安石下台而宣告失败后，面对着力要尽废新法的司马光及其朋党，苏轼在朝堂之上再次表现出不合时宜的独立精神，最终也导致了他在仕途上愈加被边缘化的结局。

在兜兜转转、步履不停的仕宦生涯中，苏轼始终积极践行自己的家国理想。在凤翔，他改革“衙前”弊政，让衙前之害减半。在开封，他决断精敏，处事迅捷，正直敢言，针对宫中压价购买浙灯庆祝上元节的御令，他奏请收回成命。第一次外任杭州，他为民造福，整治六井，奔走四县八乡，时而防涝，时而抗旱，时而补蝗，时而赈济灾民。在密州，他组织民众灭蝗抗旱，收养弃儿，周密缉盗。在徐州，他与当地民众一道斗洪水、筑长堤、建黄楼、抗春旱。在黄州，他依然心忧时事，救助弃婴。第二次到杭州，苏轼赈济灾情，平抑粮价，创置名为安乐坊的病坊，完成了杭州兴修水利、疏河治湖，完成了盐桥、茅山两河的疏浚，六井的疏通，西湖的治理。在颍州，“他阻止八丈沟开挖”，并疏浚颍州西湖，引来焦陂之水，发展颍州农田水利。在定州，他果敢地整顿军纪、整肃军容，巩固了边防。在惠州，他引水济民，使广州一城贫富同饮甘凉。在儋州，他劝农助耕，开坛讲学，敷扬文教。

无论是身处清风朗月的坦途，还是置身凄风冷雨的逆境，苏轼都尽力以民为重、顺乎民意、为民争利，做出了为后人称颂的为官业绩，用实际行动做到了《杭州召还乞郡状》中所说的“守其初心，始终不变”[①]！正如《宋史·苏轼传》评价的那样，“每因法以便民，民赖以安”。

三、苏轼的人生涅槃

苏轼一生都在路上，从地图上看，苏轼的人生轨迹堪称历代诗人之最。离开家乡眉山之后，随着仕途起落，他先后到过陕西凤翔、河南开封、浙江杭州、山东诸城（密州）、江苏徐州、浙江湖州、湖北黄冈（黄州）、江苏宜兴、南京金陵、山东蓬莱（登州）、安徽阜阳（颍州）、江苏扬州、河北定州、广东惠州、江苏常州、河南郏县、河北栾城、海南儋州等地。但他却在临终前的绝笔《自题金山画像》中感叹：“问汝平生功业，黄州惠州儋州。”[②] 黄州惠州儋州，是苏轼苦难一生的缩影；也正是苦难造就了苏东坡，实现了从苏轼到苏东坡的蜕变。

（一）黄州

贬黜黄州，是苏轼生命中的第一个大波折。“平生亲友无一字见及，有书与之亦不答。”（《答李端叔书》）[③] 原先的好友，在路上碰到了，竟以纸扇遮住半边脸，唯恐避之

① 张志烈，马德富，周裕锴. 苏轼全集校注·文集校注卷三十二［M］. 石家庄：河北人民出版社，2010：3374.

② 苏轼 . 苏轼诗集［M］. 王文诰辑注，孔凡礼点校 . 北京 ：中华书局 ，1982：2641.

③ 曾枣庄，舒大刚. 苏东坡全集［M］. 北京：中华书局，2021：1824.

不及。经历了生死祸患的苏轼，刚到黄州时对外界产生了一种莫名的恐惧。为治愈精神上的伤痛，他开始转向佛教、道教寻求精神救赎，并毫不留情地进行自我反省与自我批评，去除了自己荣辱得失上的"骄气"。

为解决一家二十口人的温饱，苏轼"痛自节俭"(《答秦太虚书》)，将每月取出的四千五百钱均分成三十份用于每日花销，并在朋友马正卿的帮助下获得约五十亩的贫瘠坡地。他将这五十亩地命名为"东坡"，并自号"东坡居士"，从元丰四年（1081）二月起，便亲自带全家开垦劳作，自给自足，过起了农家的日子。

过去的苏轼，作为天之骄子，众星捧月的对象，他的目光总是昂扬向上的。但在黄州，为了果腹，他不得不在贫瘠的坡地上挥锄耕作。劳作让他目光朝下，凝神聚气，向内省察，褪去了往日诗仙的浮华，摇身变为"坡翁"。他开始有了大把的时间，捡拾瓦砾、盖建雪堂、研究养生、钻研美食、亲自酿酒……他对美食变得珍视起来，"贪吃"起来，耕作之余，他亲自庖厨，将价贱的猪肉，文火慢炖，煨出了鲜亮香糯的"东坡肉""东坡肘子"；将穷人地头的常见菜蔬，细细烹调，煮出了一碗碗美味的"东坡汤"，"坡翁"也渐渐炼成了"坡仙"。

在黄州的苏轼，开始像他的偶像白居易晚年倡导的那样：修身以儒，治心以佛，养生以道。他信手取用儒释道三家思想，将从道家汲取的贵生意识与儒家推己及人的思想，以及佛家众生平等的观念融合起来，超越了世俗所谓的穷达观念。他于平常的生活点滴中发现美好，感悟哲思。他变得更加温暖、平和、宽容，更加自然真率、睿智幽默、宁静淡泊。他的思想和艺术也由此得以升华，成为我们眼中"可爱"的苏东坡！

黄州时期是苏轼在学术和文学创作上的丰收期。此期他的主要学术成果是《东坡易传》九卷、《论语说》五卷的撰写与《东坡书传》的动笔，标志着自成一家的学术思想的形成。他的散文创作，从侧重于经学、史学、哲学、政治学的论文，转向随笔、题跋、书简、杂记等文学性很强的小品文，抒写人生感慨，表达朋友情谊，发表艺术见解，记录山川风物。他的诗歌从以前的富赡流丽走向清空旷达，表现出更深沉的人生思考。他的词作，或雄放豪迈，或高旷洒脱，或婉约清深，超越人生的苦难，达到出神入化的境界，对后世的文学艺术史影响甚巨。黄州赤壁名满天下，成为名副其实的"东坡赤壁"。

（二）惠州

绍圣元年（1094），亲政后的哲宗起用新党执政。重回朝堂的变法派大臣，完全抛弃了王安石变法的初衷和具体政策，汲汲于打击报复"元祐党人"，以泄私愤。仿效"乌台诗案"，朝中一帮小人网罗罪名，横加诬陷，苏轼再度开启贬谪生涯。即使在千里迢迢奔赴贬所的路上，小人们依然心有不甘，屡进谗言，朝廷竟五改谪命，最终将其贬为宁远军节度副使，惠州安置。在几个月时间内，苏轼骤然由一个北国的封疆大吏沦为岭南的僻州罪臣。

苏轼脱去一身官袍，翻山越岭，垂老投荒。惠州属蛮貊之邦，瘴疠之地，生活环境极为恶劣，但此时的他，以乐观豁达的精神自适自洽。他刚到惠州，与友人书信中戏谑的“兄弟俱窜……”（《与程德孺书》）[1]，就展现出了令人敬佩的乐观与幽默。惠州市肆寥落，生活艰苦，但乐天派的苏轼却在给弟弟的信中，沾沾自喜分享他的一个新发现：“不敢与官者争买，时嘱屠者买其脊骨，间亦有微肉，熟煮熟漉，若不熟则泡水不除，随意用酒，薄点盐，炙微焦食之。终日摘剔，得微肉于牙綮间……”（《众狗不悦》）[2] 舌尖上的羊脊微肉，自然满足不了口腹之欲，却足以滋养达观阔朗的性情。

贬谪惠州期间，他不顾自己罪臣的身份“勇于为义”。他积极倡导筹建惠州东、西新桥；修筑惠州西湖长堤；引蒲涧山滴水岩的泉水入广州，跨度达十里，让全城百姓能同饮甘泉等。为了这些工程，苏轼慷慨解囊，不仅捐其珍贵犀带相助，还动员弟弟苏辙捐出史夫人所得的内赐金钱数千等。此时他的精神依托、思想倾向和情感认同，也由庙堂走向民间，在一般士民当中找到了属于自己的位置。此时的他虽年老多病，物质困乏，所处人文环境也非常落后，却能以其特有的人生智慧安然对待逆境，种菜植药，参禅学道。他写了大量“和陶诗”，以安贫乐道的陶渊明为榜样，始终保持诗意地栖居的乐观人生态度，他在惠州写下的160首诗词和数十篇散文就是明证。

（三）儋州

绍圣四年（1097）闰二月，苏轼责授琼州别驾，昌化军安置。六月渡琼州海峡至海南岛，七月抵达贬所。儋州，古称“南荒”，物质文化生活比惠州更艰苦、更匮乏，“食无肉，病无药，居无室，出无友，冬无炭，夏无寒泉”（《与程秀才》）。但苏轼在海南黎族人民中找到了朋友，找到自己的安身立命之所。

苏轼在儋州也一丝不苟，活得鲜亮。“旦起理发”，“午窗坐睡”，“夜卧濯足”……儋州本地人顿顿食薯，偶食荤菜，竟是烧蝙蝠……为能活着得返中州大地，他千方百计养护自己的身体。他发现了味美的生蚝，并用自己独特的方式烹调，他给三子苏过写信，口吻极为神秘，嘱其“恐北方君子闻之，求谪海南，分我此美也”（《献蚝帖》）。

在海南，他致力改进当地落后的习俗，鼓励黎族人民从事农耕，告谕乡人重惜耕牛，批评“坐男使女”的陋习。他自觉担负起促进海南文化建设的责任，指导一些学生、秀才，营造读书的气氛，培养出了海南第一位进士。他一面和陶渊明的诗，一面潜心做学问、写文章。他在这里共创作诗歌一百七十余首，写各类文章一百六十余篇，修改完善了黄州所作的《东坡易传》《论语说》共十四卷，新写了《东坡书传》十三卷，《东坡志林》五卷等。苏轼在儋州多年，与黎族人民结下了深厚的友谊，遇赦北还，琼州百姓挥泪挽留，倾城相送，依依不舍。

坎坷苦难之下的苏轼，存着对国家的忠爱，怀着对百姓的关爱，揣着对兄弟的友

---

① 曾枣庄，舒大刚. 苏东坡全集·东坡续集：卷六［M］. 北京：中华书局，2021.

② 曾枣庄，舒大刚. 苏东坡全集·仇池笔记：卷下［M］. 北京：中华书局，2021.

爱，抱着对美食的热爱，始终保持着乐观积极的人生态度。或许，也正是因为有爱与美食，苏轼才成为那个“一蓑烟雨任平生”的苏轼。

第二节 辗转南北，终成老饕

苏轼经历的“还朝—外任—贬谪”两次循环，让他身行万里半天下，到过四川、陕西、河南、河北、浙江、山东、江苏、安徽、广州等十余个省份。在人生之路曲折的辗转中，各地的风土民情和独特饮食，造就了苏轼异乎寻常的人生体验，亦促成了苏轼“老饕”的养成。

苏轼不仅喜欢品尝不同风味的美食，也会亲下庖厨，更会将美食行诸笔端，活色生香，可以说是当之无愧的文界老饕。在苏轼全部存世作品中，涉及食材、食品的共计上千篇，与吃有关的诗有五十多首，全国各地冠以“东坡”之名的菜肴有六十多道。苏轼笔下的食物，酒居首，茶次之，美食遍及各地特产风物。这些食物慰藉着他颠沛流离的身心，亦升华了他对人生的领悟和感触。

从留存下的文献记录来看，初入仕途的苏轼并不太在意饮食，他对美食的关注和喜爱，是随着他命运的跌宕而凸显的，“老饕”更是成于困顿。从苏轼的饮食诗歌创作成果来看，以地方任职时期和贬谪时期创作的作品居多，而其中佳作又多出现于贬谪时期，尤其在他人生困顿之际。

一、老饕基因的植入与初显

苏轼出生于四川眉州。眉州地处成都平原，拥江而生，“白鱼紫笋不论钱”的富饶，带动了当地美食的发展。宋朝已有川菜，时称“川饭”，与“北食”“南食”并列为三大菜系。川饭店，主要经销“插肉面、大燠面、大小抹肉淘、煎燠肉、杂煎事件、生熟烧饭”①。北宋的川饭无辣椒，以甜为主，菜色追求鲜嫩肥腻，尤以淡水鱼与猪肉的做法天下闻名。离乡后的苏轼，对故乡的美食多有怀念，著有如《春菜》《元修菜》《送笋芍药与公择二首》。故乡烟火气的熏陶，家乡美食风味的滋养，为苏轼植入了好吃善制的老饕基因。

进入仕途的苏轼，为官第一站在凤翔。年少入仕的苏轼，怀着“致君尧舜上”的火热理想，奋厉当世，是不甚留意饮食的。此时，他笔下的美食有“时绕麦田求野荠，强为僧舍煮山羹”（《次韵子由种菜就旱不生》）②，“置盘巨鲤横，发笼双兔卧”（《馈

① 刘朴兵．略论宋代中原地区与南方的饮食文化交流［J］．历史教学（高校版），2009（4）：16－21．

② 曾枣庄，舒大刚．苏东坡全集·诗集：卷五［M］．北京：中华书局，2021：90．

岁》)[①]，“厌伴老儒烹瓠叶，强随举子踏槐花”(《和董传留别》)[②]，“秦烹惟羊羹，陇馔有熊腊”(《次韵子由除日见寄》)[③]，多是诗文记事所写，反映农家农事活动和百姓生活，并未表现出对饮食的明显热爱。但外任杭州通判、徐州知州、湖州知州时，他对饮食的兴趣就逐渐表露出来了。

北宋时期的江浙物阜民丰，美食多样，苏轼在与朋友的交游往来中享受美味佳肴、品评美酒香茗。这期间，他笔下的美食、香茗、美酒多了起来，除记事、反映民俗风物之外，他开始注入自己的热爱和热情。例如，“顾渚茶芽白于齿，梅溪木瓜红胜颊”(《将之湖州戏赠莘老》)[④] 中白于齿的茶芽，红胜颊的木瓜，鲜亮的颜色，让人眼前一亮；“厨中蒸粟堆饭瓮，大杓更取酸生涎”(《和蒋夔寄茶》)[⑤] 体现的强烈的画面感和味觉刺激，让读者不觉口舌生酸；“溪边石蟹小于钱，喜见轮囷赤玉盘”(《丁公默送蝤蛑》)[⑥] 中透露出来的欣喜快乐，让读者亦为之一振。

二、贬谪黄州，初成老饕

苏轼对饮食表现出浓烈的热爱，或者说变得“饕餮”起来，是在黄州——那是个让他从苏轼涅槃为苏东坡的地方。

元丰二年（1079)，从“乌台诗案”死里逃生，被贬湖北黄州团练副使的苏轼，一到黄州就写下了《初到黄州》[⑦]。

初到黄州

自笑平生为口忙，老来事业转荒唐。
长江绕郭知鱼美，好竹连山觉笋香。
逐客不妨员外置，诗人例作水曹郎。
只惭无补丝毫事，尚费官家压酒囊。

这首诗刻画了苏轼初到黄州时复杂矛盾的心绪，有对自己过往仕宦生涯的自嘲自伤，有对权势者的嘲笑，有释然不幸遭遇的旷达，既然理想、抱负、功业虚幻，不如就在鱼美、笋香的黄州，做一名闲散官员吧。

躬耕东坡，解决了苏轼一家的衣食之忧，也让“饥者歌其实，老者歌其事”在苏轼身上呈现了。他在黄州写了许多农事诗歌和歌咏美食的诗歌，如深情的《东坡八首》，

---

① 曾枣庄，舒大刚．苏东坡全集·诗集：卷三［M］．北京：中华书局，2021：106.
② 曾枣庄，舒大刚．苏东坡全集·诗集：卷五［M］．北京：中华书局，2021：132.
③ 曾枣庄，舒大刚．苏东坡全集·诗集：卷一［M］．北京：中华书局，2021：100.
④ 曾枣庄，舒大刚．苏东坡全集·诗集：卷八［M］．北京：中华书局，2021：195.
⑤ 曾枣庄，舒大刚．苏东坡全集·诗集：卷十三［M］．北京：中华书局，2021：252.
⑥ 曾枣庄，舒大刚．苏东坡全集·诗集：卷六［M］．北京：中华书局，2021：343.
⑦ 曾枣庄，舒大刚．苏东坡全集·诗集：卷二十［M］．北京：中华书局，2021：497.

妙趣的《二红饭》，在感叹农事不易的同时，又表现出对食物的珍惜和喜爱，“喟然释耒叹，我廪何时高？”（《东坡八首其一》）①，“新春便入甑，玉粒照筐筥”（《东坡八首其四》）②，“用浆水淘食之，自然甘酸浮滑”③（《二红饭》），以及令人垂涎的《猪肉颂》《东坡羹颂》《蜜酒歌》。

此时，苏轼的眼里“天壤之内，山川草木虫鱼之类，皆是供吾家乐事也”。所以，他在“扁舟草履，放浪山水间，与樵渔杂处”（《答李端叔书》）和读书著述外，开始追求自在、闲适的生活，发现生活中的美好。最终，在躬身庖厨、寄情美食、自娱自乐中找到精神之“一适”。黄州价贱如泥土的猪肉，经过小火慢炖，“早晨起来打两碗，饱得自家君莫管”；平常廉价的蔓菁、荠菜、瓜、茄、赤豆、粳米经过细细烹煮，“问师此个天真味，根上来么尘上来？”（《东坡羹颂》）④，也让苏轼吃出了不一般的境界。此外，在物产丰富的黄州，逐渐“老饕”起来的苏轼，用柑桔酿酒，研究“东坡酥”的制作，摸索“煮鱼法”，把清苦的日子过得有滋有味。

三、还朝外任，内敛老饕

元丰八年（1085）四月，宋神宗病逝，宋哲宗继位，苏轼仕途迎来了柳暗花明。十七个月，苏轼由八品升到正三品，迎来了人生的高光时刻。苏轼回到了“金翠耀目，罗绮飘香”、五色五音惑人耳目、玉盘珍馐迷人口舌的大都会。然而，经历了六年多穷困潦倒贬谪生活的苏轼，并没有沉于声色，纸醉金迷，而是选择在繁华富贵的热闹场中过恬淡简朴的生活。苏轼在京期间，各种各样的雅集宴会应接不暇，他周旋其中，游刃有余，甚至会在宴请至亲好友时亲自下厨露一手。这期间，他很少歌咏美食，却在宴饮中留下了一些妙趣横生的故事，如“三白饭”“毳饭”等。

二十多年宦海沉浮所得到的人生体验，再加上在黄州安国寺“间一二日辄往，焚香默坐，深自省察”（《黄州安国寺记》）⑤，以及坚持五年而不懈的实证工夫，苏轼已深深地领悟“人生如梦”“一切皆空”的佛理禅意，对待人生的苦乐也通透圆融起来。

关于苦乐，他曾说：“乐事可慕，苦事可畏，此是未至时心耳。及苦乐既至，以身履之，求畏慕者初不可得，况既过之后，复有何物比之？寻声捕影，系风趁梦。此四者犹有仿佛也。”（《乐苦说》）⑥ 乐事与苦事，构成了人生的基本内容，人们总是处于慕乐畏苦的状态。在苏轼看来，乐既不足慕，苦亦不足畏，身历其中，苦乐平常。所以，在繁华富贵场中，他“胸中廓然无一物”（《与子明兄书》）⑦，在“世俗之乐”之上寻求

① 曾枣庄，舒大刚. 苏东坡全集·诗集：卷二十一［M］. 北京：中华书局，2021：517.
② 曾枣庄，舒大刚. 苏东坡全集·诗集：卷二十一［M］. 北京：中华书局，2021：518.
③ 曾枣庄，舒大刚. 苏东坡全集·文集：卷一百二十一［M］. 北京：中华书局，2021：418.
④ 曾枣庄，舒大刚. 苏东坡全集·文集：卷一百三十八［M］. 北京：中华书局，2021：3102.
⑤ 曾枣庄，舒大刚. 苏东坡全集·文集：卷一百二十二［M］. 北京：中华书局，2021：2895.
⑥ 曾枣庄，舒大刚. 苏东坡全集·文集：卷一百三十四［M］. 北京：中华书局，2021：3041.
⑦ 曾枣庄，舒大刚. 苏东坡全集·文集：卷七十二［M］. 北京：中华书局，2021：2272.

“以时自娱”，享受物我相忘、无待于外的人生至乐。

回京的苏轼，总是“不合时宜”，因为维护免役法，不容于反变法派，在党争的旋涡中进退维谷，不得不请求外任。外任期间，苏轼兢兢业业泽润生民，远离朝堂风波，自洽悠游，以闲适的态度来欣赏和描写食物，如“吾国旧供云泽米，君家新致雪坑茶”（《次韵曾仲锡元日见寄》）[①]，“为君伐羔豚，歌舞菰黍节”（《到官病倦，未尝会客，毛正仲惠茶。乃以端午小集石塔，戏作一诗为谢》）[②]。此时期，他多在游赏类诗歌中提到饮食，在朋友间调笑戏谑时提到饮食，如知杭州时写下的《赵郎中见和，戏复答之》：“赵子饮酒如淋灰，一年十万八千杯。若不令君早入务，饮竭东海生黄埃。”[③] 与赵景调笑戏谑时写下的《赵既见和复次韵答之》：“岂知后世有阿瞒，北海樽前捉私酿。先生未出禁酒国，诗语孤高常近谤。”[④]

四、远谪惠州，大显老饕

元祐八年（1093），高太后去世，哲宗亲政。亲政后的哲宗重新起用新党，苏轼作为旧党再度被打压贬谪。绍圣元年六月（1094），五十九岁的苏轼被贬为宁远军副节度使赴惠阳（今广东惠州市）任职。自此，辉煌一时的大诗人彻底跌落至人生谷底。

惠州地处岭南，当时属于蛮貊之邦，瘴疠之地，气候与北方迥然不同，生活条件又极为艰苦，北人南迁于此往往难以生还，所以这里一向被视为险恶军州，只有罪大恶极的官员才被放逐到此。苏轼虽久经磨难，胸怀超逸，但一路上也不免萌生对未来的悬想与担忧。然而“江云漠漠桂花湿，海雨倏倏荔子然。闻道黄柑常抵鹊，不容朱橘更论钱”[⑤]（《舟行至清远县见顾秀才极谈惠州风物之美》）的惠州，让苏轼“仿佛曾游岂梦中”，直夸“岭南万户皆春色，会有幽人客寓公”（《十月二日初到惠州》）[⑥]，“罗浮山下四时春，卢橘杨梅次第新”（《惠州一绝・食荔枝》）。

苏轼初到惠州，在当地的高级驿馆“合江楼”里休整了半个月后，便被安排到了嘉祐寺里居住。在嘉祐寺里，苏轼向当地朋友借了一小块地，过起了田园生活。为此，苏轼专门写了《撷菜》《雨后行菜圃》来赞扬自己的这块菜地。在惠州的两年七个月，苏轼“饱吃惠州饭，细和渊明诗”（黄庭坚《跋子瞻和陶诗》），创作诗词及其他文章多达587篇，其中，关于饮食的诗187首，词18首，大显“老饕”本色。

① 曾枣庄，舒大刚．苏东坡全集・诗集：卷三十七［M］．北京：中华书局，2021：939．
② 曾枣庄，舒大刚．苏东坡全集・诗集：卷三十五［M］．北京：中华书局，2021：634．
③ 曾枣庄，舒大刚．苏东坡全集・诗集：卷三十一［M］．北京：中华书局，2021：574．
④ 曾枣庄，舒大刚．苏东坡全集・诗集：卷十四［M］．北京：中华书局，2021：264．
⑤ 曾枣庄，舒大刚．苏东坡全集・诗集：卷三十八［M］．北京：中华书局，2021：685．
⑥ 曾枣庄，舒大刚．苏东坡全集・诗集：卷三十八［M］．北京：中华书局，2021：687．

不敢与官家争买羊肉，他就自创烤羊脊骨，自嘲“与狗抢食”引起“众狗不悦”；因学佛，需戒食肉、戒杀生，他便一边吃鸡，一边为所吃的惠州西村鸡做佛事，一面口念佛经，一面“赤鱼白蟹箸屡下”；因无酒佐蟹，便效法陶渊明，拿着螃蟹，漫绕东篱，以菊花香佐蟹。对于“相待甚厚”的詹太守家的宋宴，惠州平常的焖饭和砂锅粥，朋友自创的烤芋头，惠州盛产的柑橘、杨桃、荔枝，苏轼都极尽赞美，并写入诗文，让他对美食的喜爱和豁达的性格跃然纸上！总之，“风土食物不恶，吏民相待甚厚”的贬地惠州，于达观苏轼而言，又成乐土，甚至让他萌生“以彼无限景，寓我有限年”（《和陶〈归园田居〉六首其一》）[①] 的念头。

自南迁贬谪惠州以来，苏轼处处以修行人自居，他认为处境越艰难，也就越是学道者身体力行的时候，“平生学道真实意，岂与穷达俱存亡”（《吾谪海南，子由谪雷州，被命即行，了不相知。至梧乃闻其尚在藤也，旦夕当追及，作此诗示之》）[②]。穷如此，达如此，随缘自适，如如不动。正因如此，苏轼才于惠州随时随地自譬自解，安顿心灵。

此时的他比在黄州时更快地适应了惠州的生活，对心态和情绪的控制已经游刃有余，内心世界较之前已经平和很多，杜门养疴，登山览胜，或结交人物，都可以用来参悟人生。在苏轼看来，得失本就是人生的常态，所以，面对挫折，他潇洒应对，借地种菜、饮酒、赏花、品茗、游览、养生，谈经、研佛、觅句，样样都干。正如其《定风波・南海归赠王定国侍人寓娘》词曰：“试问岭南应不好？却道，此心安处是吾乡。”[③]唯其如此，岭南谪居，苏轼获得了诗意人生。

五、海谪儋州，尽显老饕

绍圣四年（1097），62 岁的苏轼再次遭到贬谪。这次，他被贬谪至资源更为匮乏的海南儋州。儋州，古称儋耳，有人称其为“南荒”“非人所居”，是北宋极为荒蛮凶险之地。年逾花甲的苏轼，此时意识到这可能是一场生离死别，便把身后事，托付苏迈，只带着小儿子苏过前往儋州。

儋州的生活相比黄州、惠州艰难太多。这里气候恶劣。《儋县志》记载：“盖地极炎热，而海风甚寒，山中多雨多雾，林木阴翳，燥湿之气不能远蒸而为云，停而为水，莫不有毒。”初到这里的苏轼，因朝廷禁令规定“一不得食官粮，二不得住官舍，三不得签书公事”，“食无肉，病无药，居无室，出无友，冬无炭，夏无寒泉”。但生性达观的苏轼，又一次很快适应了儋州的生活，还自话“我本儋耳氏，寄生西蜀州”（《别海南黎民表》）[④]，将其当成自己的第二故乡。苏轼在海南的三年，让他迎来了又一个创作高峰

① 曾枣庄，舒大刚．苏东坡全集・诗集：卷三十九［M］．北京：中华书局，2021：699．
② 曾枣庄，舒大刚．苏东坡全集・诗集：卷四十一［M］．北京：中华书局，2021：733．
③ 曾枣庄，舒大刚．苏东坡全集・词集：卷五［M］．北京：中华书局，2021：950．
④ 曾枣庄，舒大刚．苏东坡全集・诗集：卷四十八［M］．北京：中华书局，2021：842．

期。在这里，他完成了《东坡易传》《论语说》《东坡书传》等重要学术著作，共写诗词141首，其中诗127首，词4首。这个时期的作品已然没有了怀才不遇的牢骚，而是实实在在地记录农家生活的过程。

在物资匮乏的情况下，苏轼不仅自给自足，亲自从事生产劳作，还托人从中原地区带来谷种，改良曾在黄州发明的插秧机，劝民稼穑，带领大家一起种田。此外，他还教化当地百姓要注意卫生，指导当地百姓勘察水脉，开掘水井，让当地百姓不再饮用沟渠浊水，努力实现自己“不以一身祸福，易其忧国之心”的民本理念。

在儋州，苏轼生活虽极为困苦，仍以饮食为乐，老饕本色尽显。儋州本地人将山芋作为主食，苏轼父子因地制宜，自创美食“玉糁羹”，并以诗记之：“香似龙涎仍酽白，味如牛乳更全清。”（《过子忽出新意以山芋作玉糁羹色香味皆奇绝天上酥陀则不可知人间决无此味也》）[①] 儋州无酒，苏轼便自己酿了“真一酒”，写了《真一酒歌》，说酒的酿造和自己对酒的感受。当地肉类贫乏，“五日一见花猪肉，十日一遇黄鸡粥”（《闻子由瘦》）[②]，难得肉食，便学习当地人“以薰鼠烧蝙蝠”；自创酒煮生蚝，边吃还边嘱咐儿子苏过不要对外人谈起，“恐北方君子闻之，求谪海南，分我此美也”。实在没吃没喝，则用“龟息法”静养。苏轼带着儿子苏过随缘委命，把苦日子过出乐趣。也就是在儋州，苏轼写下了《老饕赋》。

远谪儋州的苏轼，既不为世俗祸福拘束，又不为得失生死烦扰，镇定超脱、潇洒坦然、乐观豁达，写下了大量和陶诗。他倾慕陶渊明的节行操守，欣赏陶渊明的人生态度，追求陶渊明随遇而安、悠然恬淡的生活状态。于是，他居陋屋、食粗食，“一饱便终日，高眠忘百须”（《和刘柴桑》）[③]，“手栽兰与菊，侑我清宴终”（《五月旦日作和〈戴主簿〉》）[④]，虽处至难，不改其乐。对于现实中的事物，苏轼在《观棋》中写道：“胜固欣然，败亦可喜，优哉游哉，聊复尔耳。”以超脱的态度迎接逆境，忘掉功名利禄、利弊得失，保持心境的安然，从游于物外的超然态度看问题。

此时的苏轼全身心融入底层人民的生活，体味宁静中的快乐，并写下了大量描写地域风土人情的小诗，如“小儿误喜朱颜在，一笑哪知是酒红”（《纵笔三首·其一》）[⑤]。淳朴的乡居风情和豁达的乐观态度跃然纸上。

苏轼一生宦海沉浮，然而到了老年回忆自己的过往，他最怀念的仍旧是被贬谪三州（黄州、惠州、儋州）的日子，他在《自题金山画像》一诗中，概括了自己的一生：“心似已灰之木，身如不系之舟，闻汝平生功业，黄州惠州儋州。”“闻汝平生功业，黄州惠州儋州”，既是自嘲，亦是自我肯定，在无数个悲凉孤寂的日子里，苏轼用自己的乐观豁达来面对世事的动荡，用他独有的生活情趣创造美食、挖掘美食，与美食为伴，用旷

① 曾枣庄，舒大刚．苏东坡全集·诗集：卷四十一［M］．北京：中华书局，2021：740．
② 曾枣庄，舒大刚．苏东坡全集·诗集：卷四十一［M］．北京：中华书局，2021：738．
③ 曾枣庄，舒大刚．苏东坡全集·诗集：卷四十一［M］．北京：中华书局，2021：736．
④ 曾枣庄，舒大刚．苏东坡全集·诗集：卷四十二［M］．北京：中华书局，2021：758．
⑤ 曾枣庄，舒大刚．苏东坡全集·诗集：卷四十二［M］．北京：中华书局，2021：759．

达的心境创造出属于他的人间烟火气。正如《老饕赋》的最后一句："先生一笑而起，渺海阔而天高。"①

第三节　老饕之境，至味清欢

苏轼以好吃、会吃扬名，且从不隐晦自己对美食的喜爱。他曾说："世人之所共嗜者，美饮食，华衣服，好声色而已。"(《墨宝堂记》)② 他顺从自己爱好美酒佳肴的天性，曾扬言"盖聚物之夭美，以养吾之老饕"，即天生美食、妙饮就是为了满足自己老饕之欲。苏轼的"老饕"养成，有古蜀人好吃善制的基因植入，更有困顿之际，解决生计、寄情美食、自娱自得的因素使然。

自诩"老饕"成就了苏轼美食家的令名。他的"好吃""饕餮"，并不只为满足口腹之欲，追求纯粹的味觉享受；把美食与自己的心境及地方风俗文化联系在一起，更能表现出他自洽、达观、率真的个性，以及"人间有味是清欢"的境界。

一、平淡饮食吃出滋味

苏轼仕途的坎坷，让他身历南北，尝尽颠沛流离之苦，但又因为如此，他得以尝遍南北的名馔佳肴、地方风味。苏轼笔下的食物多达几十种，写得细、说得多的，也多是易得、平常之物，如大米、玉糁、大豆、芋头等五谷杂粮，竹笋、莼菜、蒌蒿、芦菔等时令菜蔬，荔枝、卢橘、梨、桃等平常水果，麦冬、胡麻、芦葫等中药材，鲫鱼、鳊鱼、鳆鱼等鲜美鱼类，以及他自己创制的各种佳酿及茗品。这些在众人眼中平平淡淡的食物，到了苏轼那里，便成为蕴含着无限趣味的神秘之物。

（一）平常美食有形、色、味之美

为官凤翔时，他写下的"紫荇穿腮气惨凄，红鳞照坐光磨闪"(《渼陂鱼》)③，细致再现了渼陂鱼以紫荇穿腮，被蒸煮得透红，形态和味道俱美的状态。外任期间，他写下"乌菱白芡不论钱，乱系青菰裹绿盘"(《六月二十七日望湖楼醉书五绝》之三)④，"蒌蒿满地芦芽短，正是河豚欲上时"(《惠崇春江晚景》之一)⑤，记录不论钱的乌菱、白芡、青菰，盛赞满地的蒌蒿、芦芽，以及即将大量上市的河豚。在黄州，他歌咏"长江绕郭知鱼美，好竹连山觉笋香""鱼稻薪炭颇贱，甚与穷者相宜"，觅得"为甚酥"，并

① 曾枣庄，舒大刚．苏东坡全集·文集：卷一［M］．北京：中华书局，2021：1089.
② 曾枣庄，舒大刚．苏东坡全集·文集：卷一百一十九［M］．北京：中华书局，2021：2868.
③ 曾枣庄，舒大刚．苏东坡全集·诗集：卷五［M］．北京：中华书局，2021：129.
④ 曾枣庄，舒大刚．苏东坡全集·诗集：卷七［M］．北京：中华书局，2021：158.
⑤ 曾枣庄，舒大刚．苏东坡全集·诗集：卷二十六［M］．北京：中华书局，2021：462.

“常亲自煮猪头”，“尝亲执铃匕，煮鱼羹以设客”，写下《猪肉颂》《煮鱼法》。在惠州，他赞叹“罗浮山下四时春，卢橘杨梅次第新”[①]，“丰湖有藤菜，似可敌莼羹”[②]，写下“秋来霜露满东园，芦菔生儿芥有孙。我与何曾同一饱，不知何苦食鸡豚”（《撷菜》）[③]，“芥蓝如菌蕈，脆美牙颊响。白菘类羔豚，冒土出蹯掌”（《雨后行菜》）[④]，极言芦菔、芥蓝、白菘味美。在儋州，他发现了美食生蚝，创制“东坡粽”，赞美以山芋作成的玉糁羹“香似龙涎仍酽白，味如牛乳更全清”。[⑤]

他笔下的美食都是些平常易得的时鲜美食，可正是这些平常时鲜的美食，抚慰人心，让苏轼发出“滞留江海得加餐”[⑥] 的感叹。他以别样的眼光看待美食，凭借自己丰厚的人文修养和审美境界，把饮食与人的精神追求和审美追求联系在一起，通过美食的描绘，展示奋发昂扬的精神气质和乐观向上的人生态度。同时，他也自觉地把这些美食当作一种文化来传播，从味道、品质、形状、色泽、加工、制作等各个层面展示美食之美，从而反映出他的生活情趣、审美品位及美学追求。

（二）美酒佳酿有会友、助文之功

苏轼的饮食诗文中，写酒最多。他对酒的热爱，尤其是对酿酒的热情，远超大多数古代文人士大夫。苏轼酒量较浅，曾自述“余饮酒终日，不过五合”，“予虽饮酒不多，然而日欲把盏为乐，殆不可一日无此君”（《饮酒说》）[⑦]，对酒的喜爱，可见一斑。在苏轼看来，酒不仅是与友交际的承托，还是寄托个人悲喜、生发诗情的载体。他喜欢与朋友喝酒，甚至“见客举杯徐引，则余胸中亦为之浩浩焉，落落焉，酣适之味，乃过于客”（《书东皋子传后》）[⑧]。于他而言，杯中之乐，不单是自己喝酒的畅快，更有与朋友开怀畅饮的乐趣。酒也是他的亲密朋友，他人生的悲喜，生活的酸甜苦辣，都与酒联系紧密。人生得意要饮酒，人生失意也要饮酒。

对酒的喜爱，也让苏轼热衷于酿酒。他酿酒不局限于固有的酿酒方法，他善于钻研，积极改良酿酒技术，甚至探索酿制新的酒品。从他诗文中可知，他亲自酿过蜜酒、桂酒、中山松醪酒、真一酒、天门冬酒、万家春酒、罗浮春酒、酸醨酒等多种酒品。

（三）茶茗有延年、益思之效

苏轼以古诗、律诗、绝句、散文等多种文学形式对茶的各方面进行描写和歌颂，数

---

① 曾枣庄，舒大刚. 苏东坡全集·诗集：卷四十［M］. 北京：中华书局，2021：718.
② 曾枣庄，舒大刚. 苏东坡全集·诗集：卷四十［M］. 北京：中华书局，2021：715.
③ 曾枣庄，舒大刚. 苏东坡全集·诗集：卷四十［M］. 北京：中华书局，2021：726.
④ 曾枣庄，舒大刚. 苏东坡全集·诗集：卷三十九［M］. 北京：中华书局，2021：713.
⑤ 曾枣庄，舒大刚. 苏东坡全集·诗集：卷四十一［M］. 北京：中华书局，2021：740.
⑥ 曾枣庄，舒大刚. 苏东坡全集·诗集：卷七［M］. 北京：中华书局，2021：158.
⑦ 曾枣庄，舒大刚. 苏东坡全集·文集：卷一百三十四［M］. 北京：中华书局，2021：158.
⑧ 曾枣庄，舒大刚. 苏东坡全集·文集：卷八十四［M］. 北京：中华书局，2021：2372.

量达到七十余篇。他认为“除烦去腻，不可缺茶”（《仇池笔记·论茶》）[①]，也认为“从来佳茗似佳人”（《次韵曹辅寄壑源试焙新芽》）[②]。山水游乐、交友抒情时，茶增添了酒不能相比的雅趣；参禅论道时，茶给了酒不能给的清净宁谧。

他爱茶好茶，用诗词写茶，写下《试院煎茶》《月兔茶》《和钱安道寄惠建茶》《和蒋夔寄茶》《汲江煎茶》《寄周安孺茶》《赠包安静先生茶二首》等佳作，道出了他对茶的挚爱和赞叹。“环非环，玦非玦，中有迷离玉兔儿。一似佳人裙上月，月圆还缺缺还圆，此月一缺圆何年。君不见斗茶公子不忍斗小团，上有双衔绶带双飞鸾。”[③]，他将茶比作美人和明月，体现了茶的精致和独特性；“要知玉雪心肠好，不是膏油首面新”[④]，用比喻的方式表现了茶的味道香浓醇厚，在品尝时还有清新的味觉；“皓色生瓯面，堪称雪见羞”（《赠包安静先生茶二首》）[⑤]，是在说在茶具中所看到的颜色洁白的茶沫；对此他还道：“我官于南今几时，尝尽溪茶与山茗。”（《和钱安道寄惠建茶》）[⑥] 在他的笔下，茶是超然闲适生活的美好象征，是困顿仕途中的自我慰藉，是真挚情谊的坚韧纽带，亦是传输创作灵感的媒介。

由此观之，饮食对于苏轼来说不只是果腹的物，更蕴含着形而上的精神意味。他以食养生，以食交往，以食修身养德，以食愉情悦性，将饮食作为漂泊途中的精神慰藉，在饮食中体悟人生的真谛。那些为歌咏、赞美饮食写成的诗文，看起来朴实无华、平平无奇，却是褪尽华丽辞藻后的返璞归真，是他对生活的无限意趣及务实达观人生态度的外显。对此，林语堂也发表过感想：“如果一个人真的要享受人生，人生是尽够他享受的。一般人不能领略这个尘世生活的乐趣，那是因为他不深爱人生，把生活弄得平凡、刻板，而无聊。”[⑦] 苏东坡一直都保持着顺其自然的生活态度，也会在痛苦无奈的生活中找到出路。美食深受苏轼的喜爱，他不只是品尝其风味，更多是在饮食中感悟人生，并从饮食及日常生活中总结出生活的乐趣。

二、饮食有道，以食养生

苏轼虽然自称“老饕”，但饮食有道，以食养生，极为重视饮食与养生的关系。他作为圆融儒释道的代表，在修身、养生上深受儒家、佛家、道家观念的影响，写下了《问养生》《论修养寄子由》《养生说》《续养生说》《书养生后论》《养生偈》，阐述自己的养生理念，其中关于饮食养生，他认为“人之生也，以气为主，食为辅”（《盖公堂

① 曾枣庄，舒大刚. 苏东坡全集·仇池笔记：卷上［M］. 北京：中华书局，2021：2372.
② 曾枣庄，舒大刚. 苏东坡全集·诗集：卷三十二［M］. 北京：中华书局，2021：583.
③ 曾枣庄，舒大刚. 苏东坡全集·诗集：卷九［M］. 北京：中华书局，2021：188.
④ 曾枣庄，舒大刚. 苏东坡全集·诗集：卷三十二［M］. 北京：中华书局，2021：583.
⑤ 曾枣庄，舒大刚. 苏东坡全集·诗集：卷三［M］. 北京：中华书局，2021：93.
⑥ 曾枣庄，舒大刚. 苏东坡全集·诗集：卷十一［M］. 北京：中华书局，2021：.
⑦ 林语堂. 林语堂名著全集·生活的艺术［M］. 长春：东北师范大学出版社，1994：159.

记》)[1]，表达出了医食同源、节食养生的理念。

（一）医食同源

“医食同源”是中华民族传统饮食文化的重要理念之一。古人很早就发现，饮食除了果腹，还有医疗养生的功效。成于秦汉的《神农本草经》便记载了如桂圆、莲子、大枣、核桃、葡萄、百合、蜂蜜等的疗效。苏轼好吃，也擅食疗。他亲自栽种或采摘蕨菜、芦笋等做菜蔬，爱吃易消化而蛋白质丰富的鲈鱼肉。他用时雨沏茶煮药，认为喝水以井水、泉水为佳。他用韭菜、姜丝、蜂蜜熬粥，认为这样的粥具有润身的作用。

在颠沛流离的生活中，苏轼还有意识收集有效药方，在医治自己的同时，救助他人。他收集的药方药引或者配方多为食物。他认同食物可以疗疾，如认同桂能“利肝腑气，杀三虫，轻身坚骨，养神发色”(《桂酒颂并叙》)[2]，蜜能“使人意快而神清”(《书食蜜》)[3]，槟榔“可疗饥怀香自吐，能消瘴疠暖如熏”(《咏槟榔》)[4]，胡麻能“补填骨髓，流发肤兮”(《服胡麻赋并叙》)[5]。他十分推崇的延年益寿药方，就是取生姜汁储于器皿中，去掉上面的清黄液，将沉积在下面的白而浓的部分阴干为“姜乳”。用此姜乳同蒸饼或米饭相合，做成丸药，每天用白酒或米汤送服十粒。他还研制了治疗痔疮的食物良方：“胡麻，黑脂麻是也。去皮，九蒸曝白。茯苓去皮，捣罗入少白蜜，为麨，杂胡麻食之，甚美。如此服食已多日，气力不衰，而痔渐退。久不退转，辅以少气术，其效殆未易量也。”(《与程正辅七十一首（之五十三）》)[6]

此外，他还写下了《服生姜法》《服茯苓法》《食芡法》《服地黄法》《服松脂法》《服黄连法》《苍耳录》《枳枸汤》等阐述他的食疗理念。

（二）节食养生

“到了宋朝，农业产量大幅提高且食物种类变得丰富，加之宵禁制度的解除，使得人们的夜生活变得更加充实，人们对食物的追求便更加精致。”[7] 宋代士大夫文人注重饮馔的精致卫生，喜欢素食，讲究滋味，注重鲜味和进餐时的环境氛围，但不主张奢侈靡费。此种风尚之下，宋代很多文人、官人都有注重节食养生，并将节食看作对人性的修养。

苏轼节制饮食、以食养生的背后，有在困顿之际缺衣乏食的客观因素，也受儒家节俭观念及道释两家养生观念的影响。他曾在《节饮食说》中说：“自今日以往，早晚饮食，不过一爵一肉。有尊客盛馔，则三之，可损不可增。有召我者，预以此告之，主人

① 曾枣庄，舒大刚. 苏东坡全集·文集：卷一百三十九 [M]. 北京：中华书局，2021：2859.
② 曾枣庄，舒大刚. 苏东坡全集·文集：卷一百三十八 [M]. 北京：中华书局，2021：3101.
③ 曾枣庄，舒大刚. 苏东坡全集·文集：卷一百三十五 [M]. 北京：中华书局，2021：3060.
④ 曾枣庄，舒大刚. 苏东坡全集·诗集：卷四十八 [M]. 北京：中华书局，2021：842.
⑤ 曾枣庄，舒大刚. 苏东坡全集·文集：卷一 [M]. 北京：中华书局，2021：4221.
⑥ 曾枣庄，舒大刚. 苏东坡全集·文集：卷五十六 [M]. 北京：中华书局，2021：1994.
⑦ 吴钩. 宋：现代的拂晓时辰 [M]. 桂林：广西师范大学出版社，2015：91.

不从而过是，乃止。”[①] 意思是说，每天的饮食，不过一碗饭、一个菜。有尊贵的客人，最多不能超过三个菜。赴宴也是如此，否则就不去了。这样做的好处：“一曰安分以养福，二曰宽胃以养气，三曰省费以养财。”[②] 所以，苏轼在他另一篇专讲吃饭与炼养的关系的《养生说》中提出，要“已饥方食，未饱先止，散步消遥，务令腹空”[③]。

在苏轼看来，“已饥而食，蔬食有过于八珍”，“未饥而食，虽八珍犹草木也。使草木如八珍，惟晚食为然”。所以，在其好友张鹗向他请教养生之道时，他说：“张君持此纸求仆书，且欲发药，不知药，君当以何品？吾闻《战国策》中有一方，吾服之有效，故以奉传。其药四味而已：一曰无事以当贵，二曰早寝以当富，三曰安步以当车，四曰晚食以当肉。夫已饥而食，蔬食有过于八珍，而既饱之余，虽刍豢满前，惟恐其不持去也。若此可谓善处穷者矣，然而于道则未也。安步自佚，晚食为美，安以当车与肉为哉？车与肉犹存于胸中，是以有此言也。”文中的“晚食以当肉”，与“未饱先止”意思接近，即推迟吃饭时间，就会减少一天的饮食总量，节制饮食。

三、寄情佳味品出哲理

北宋及政坛的动荡，让苏轼历尽了党派倾轧的痛苦。按理说，他本应是位“有着深厚的忧患心理之士”，但他却以乐观豁达的形象令大众钦服。究其原因，是他深刻地自知自省意识，让他在经受政治打击和遭受生活磨难后，把对食物的喜爱当成了他在政治旋涡和生活逆境中淡化痛苦、排遣烦恼的方式。

外任江南时，仕途的“边缘化”，自己的政见又不得采纳，让苏轼内心苦闷异常。他想念亲友，“把酒问青天”；他梦魂千里想念亡妻，“十年生死两茫茫”。但他也会想办法宽慰自己“人有悲欢离合，月有阴晴圆缺，此事古难全”，甚至还写下《望江南·超然台作》，发出“休对故人思故国，且将新火试新茶，诗酒趁年华”的呐喊！贬谪黄州、惠州、儋州时，他更是寄情美食，在困苦中将普通的食物品出无限趣味，在美食的品尝和烹饪中，升华自我、超脱自我，悟出哲思。睿智旷达的苏轼总是变换角度，在品尝外界食物口感的同时去品味自己的人生。正如他当年与友人游南山作《浣溪沙》所言：“雪沫乳花浮午盏，蓼茸蒿笋试春盘，人间有味是清欢。”[④]

何为清欢？儒家孔圣人给了一个参考：“君子谋道不谋食……君子忧道不忧贫”，“饭疏食饮水，曲肱而枕之，乐亦在其中矣”。美食与人的清欢滋味，苏轼深有体会。经历过生死之患的苏轼，在黄州作《橄榄》：“纷纷青子落红盐，正味森森苦且严。待得微甘回齿颊，已输崖蜜十分甜。”[⑤] 在他看来，苦后回甘的橄榄为正味。流寓儋州时，他

① 曾枣庄，舒大刚. 苏东坡全集·文集：卷一百三十四［M］. 北京：中华书局，2021：3036.
② 曾枣庄，舒大刚. 苏东坡全集·文集：卷一百三十四［M］. 北京：中华书局，2021：3904.
③ 曾枣庄，舒大刚. 苏东坡全集·东坡志林：卷一［M］. 北京：中华书局，2021：4224.
④ 曾枣庄，舒大刚. 苏东坡全集·词集：卷十一［M］. 北京：中华书局，2021：1007.
⑤ 曾枣庄，舒大刚. 苏东坡全集·诗集：卷二十二［M］. 北京：中华书局，2021：405.

时常躬耕以自奉，发现亲手种出来的东西特别好吃，于是发出“人间无正味，美好出艰难”（《和庚戌岁九月中于西田获早稻》）[①] 之叹。在苏轼这里，美食的滋味，不只是饮食之味，更是人生之味。

关于人生，苏轼用“浮生知几何，仅熟一釜羹。那于俯仰间，用此委曲情”（《次丹元姚先生韵二首·其一》）[②] 作比。精辟而又形象地指出了人曲折而多磨的一生，实际就像食材下锅，用坚强的意志慢慢煨煮，直至煮熟一釜羹的状态。语言平易朴实，却又形象精炼地概述了“人生几何”的问题。这是苏轼用他那深厚的中国文化传统底蕴和丰富的人生阅历，融汇而成的人生感悟。

对于名利，苏轼用“笑捐浮利一鸡肋，多取清名几熊掌”（《次韵王滁州见寄》）[③] 作比。鸡肋，有味无肉，不值深嚼；浮名，有名无实，不值求索。但清名不一样，它是超功利和世俗的人生境界，无法刻意寻求，只能是自身对世人的无私热爱和内心与社会浮躁绮靡的世风斗争的结果。所以，它如熊掌般珍贵难得，哪怕付出自己全部的心血和精力也值得。

关于困顿，苏轼有“人间无正味，美好出艰难”的感慨，也有“万事如花不可期，余年似酒那禁泻”（《次韵前篇》）[④] 的感伤，诗人发出世事难料、时光易逝的伤感后，悟出“少年辛苦真食蓼，老景清闲如啖蔗”（《次韵前篇》）的道理。用“蓼”和“甘蔗”这两种食物对应少年如“蓼”般辛辣，老年如“甘蔗”般甘纯，对人的心境进行总结的同时，也突出了其内心对人生的品悟。

在这里，我们看到，唯有苏轼，才能在日常饮食中挖掘出美食别样的魅力，才能感悟和体验到美食带给人如此多的满足与喜悦。他主动将自然、美食与自我的主体精神搭建联系与互动，达到于美食中寻求慰藉或反观自我的目的，并尝试从中源源不断地汲取精神上的养分。或许这就是其得以在接踵而至的灾祸中保持内心的淡然与乐观的原因。

四、与人同享现出境界

王国维先生曾说：“三代以下诗人，无过屈子、渊明、子美、子瞻者。此四子者，若无文学之天才，其人格亦自足千古。故无高尚伟大之人格，而有高尚伟大之文章者，殆未有之也。”屈原、陶渊明、杜甫、苏轼之所以能光照千古，不只是因为他们的作品，更是因为他们的人格。苏轼正道直行与齐得失、超生死的人生观，体现出他主体身份认知的独立性与自觉性，让他可以把儒家的积极入世与道家、佛家的超然出世合于一身，在不同的人生经历中自由切换不同的人生态度。

困顿蹇途，他以佛老援心、追求超然，不因现实的阻挠和黑暗而逃避。他像斗士一

① 曾枣庄，舒大刚．苏东坡全集·诗集：卷四十二［M］．北京：中华书局，2021：753．
② 曾枣庄，舒大刚．苏东坡全集·诗集：卷三十六［M］．北京：中华书局，2021：655．
③ 曾枣庄，舒大刚．苏东坡全集·诗集：卷三十四［M］．北京：中华书局，2021：626．
④ 曾枣庄，舒大刚．苏东坡全集·诗集：卷二十［M］．北京：中华书局，2021：361．

般，继续向着自己的生活目标前进，为民谋福利，为民做实事。所以他几度陷入危境，仍积极入仕，力所能及去践行他毕生从未放弃过的济世救人的理想。苏轼的精神世界如是，他的饮食世界亦如是。苏轼的饮食与一般民众的口味一致，钟情于山野乡村常见的粗粮、杂菜，留下了许多他为民创制菜肴的奇闻逸事。每一道美食背后都潜藏着一个他与大众心灵相通的温暖故事，呈现出了对民众的关怀和温情。

（一）与民同食之乐

苏轼最有名的东坡肉，原型是徐州回赠肉。苏轼任职徐州期间，遭遇洪水围困徐州，苏轼率领禁军武卫营与百姓协力抗洪，保住了徐州城。徐州百姓为感谢苏轼，特杀猪宰羊，担酒携菜上府慰劳。苏轼推辞不得，便亲自指点家人将收到的猪肉制成红烧肉，回赠给抗洪的百姓。百姓食后，将其称为“回赠肉”。此后，“回赠肉”就在徐州一带流传，并成徐州传统名菜。后来，苏轼贬谪至黄州，亲自烹饪红烧肉并将经验写入《猪肉颂》，加以传扬。但真正让红烧肉享誉天下的，还是苏轼二次出任杭州时所做的“东坡肉”。苏东坡任杭州知州期间，曾组织当地的百姓和官兵疏浚西湖，事毕之后，东坡为犒赏群众，亲自传授猪肉的烹煮方法，教官兵和百姓烹炖猪肉。百姓对他心存感激，又觉得这猪肉红酥香软、味道鲜美，便取名为“东坡肉”。解馋又解饱的东坡肉，不仅使苏轼获得心灵上的愉悦，还在无意之间成就了一段美谈。

（二）分食赠食之乐

对苏轼而言，以食事自怡、寄情美食是日常生活的常态，但与他人共享美食佳肴才是人生乐事。“独乐乐，不如众乐乐”，苏轼从来都不是独食独乐之人，他常常分茶、送酒、送菜与友人。《赠包安静先生茶二首·其一》里“皓色生瓯面，堪称雪见羞。东坡调诗腹，今夜睡应休”[①]。《大雪独留尉氏，有客入驿，呼与饮，至醉，诘旦客南去，竟不知其谁》里邀请陌生人共饮，直观呈现出了苏轼追求分享的饮食意兴。《送笋芍药与公择二首·其一》里将故人千里寄送的笋，分享给同是南人的友人李公择“烧煮配香秔”。偶得棕笋，却知“僧甚贵之”，遂转赠殊长老，随食附《棕笋》诗并序，将烹法一并告之。

（三）相聚会食之乐

除了饮食馈赠，苏轼还常与友人相聚会食。苏轼所经之处，都会结交一些真挚的朋友，和他们以酒论文，以茶会友，从粗粮杂食中咀嚼朋友之间的友情。如《和蔡准郎中见邀游西湖三首·其三》里的携友烧笋，带给他“临风饱食得甘寝，肯使细故胸中留”[②] 的快意。《二月十九日携白酒、鲈鱼过詹使君，食槐叶冷淘》里携食共享，带给

---

① 曾枣庄，舒大刚. 苏东坡全集·诗集：卷三［M］. 北京：中华书局，2021：93.

② 曾枣庄，舒大刚. 苏东坡全集·诗集：卷七［M］. 北京：中华书局，2021：157.

他“醉饱高眠真事业，此生有味在三余”[1] 的清欢。《丁公默送蝤蛑》里的相聚宴饮，带给他“堪笑吴兴馋太守，一诗换得两尖团”的乐趣。《约吴远游与姜君弼吃蕈馒头》里则有“天下风流笋饼餤，人间济楚蕈馒头。事须莫与谬汉吃，送与麻田吴远游”[2] 的深情。

无论是与民同食之乐、分食赠食之乐还是相聚会食之乐，像苏轼这样的人物是人间不可无一，难能有二的。苏轼不仅在中国文学史上的贡献是伟大的，在美食方面对后世产生的影响也是巨大的。对饮食的喜好不仅体现了苏轼的性情与爱憎，更透露了他独特的品质及个性。

本章小结

苏轼从仕四十年，宦途坎坷，先后辗转陕西凤翔、河南开封、浙江杭州、山东诸城（密州）、江苏徐州、浙江湖州、湖北黄冈（黄州）、江苏宜兴、南京金陵、山东蓬莱（登州）、安徽阜阳（颍州）、江苏扬州、河北定州、广东惠州、江苏常州、河南郏县、河北栾城、海南儋州等 18 个城市。纵观他的一生，无疑是一个“失之官职，得之美食”的过程。虽在仕途上屡经风波，他却能从饮食中领会到超然意趣，将食物作为自己排遣忧愁、忘却烦恼的良方。他眼中的美食，只需因地制宜，就地取材，用料不求高贵，加工不尚繁费，简而能精，化俗为雅。他在颠沛流离的宦游中，自洽自适，寄情美食，升华感悟，用他的豪放豁达、自适快意为生活佐味，将江河里的鱼、山坡上的笋、市场里的肉蔬、林子中的鲜果、茶茗、杯酒的浊酒佳酿，变成老饕的至味清欢。

【本章习题】

一、选择题

1. 苏轼一生去过多少个城市？
   A. 17　　B. 20　　C. 18　　D. 19
2. 苏轼仕途困顿的根本原因在于？
   A. 北宋党争　　B. 率真直爽　　C. 小人弹劾　　D. 刚正不阿
3. “乌台诗案”的导火索是？
   A.《秋日牡丹》　　B.《和刘攽韵》
   C.《湖州谢上表》　　D.《留题风水洞》
4. 苏轼饮食诗文中写什么最多？
   A. 酒　　B. 茶　　C. 糕点　　D. 汤羹

---

① 曾枣庄，舒大刚. 苏东坡全集·诗集：卷三十九［M］. 北京：中华书局，2021：695.
② 曾枣庄，舒大刚. 苏东坡全集·诗集：卷四十八［M］. 北京：中华书局，2021：836.

二、判断对错

1. 苏轼三起三落与新旧两党在北宋党争中的起伏息息相关。（　　）
2. 苏轼在黄州实现了涅槃，由苏轼变成了苏东坡。（　　）
3. 苏轼将酒比作佳人。（　　）
4. 苏轼的老饕境界在于他能于平常饮食中发现滋味、品出乐趣、显出大爱。（　　）

参考文献

[1] 郭雪莲. 苏轼诗词中的饮食文化研究——评《中国饮食文化》[J]. 食品工业，2020（12）：352.

[2] 高峰. 苏轼诗歌的饮食思维 [J]. 吉林师范大学学报（人文社会科学版），2017（6）：68—73.

[3] 龚剑锋，洪霞.《东坡宴》研究与开发 [J]. 美食，2017（7）：163—171.

[4] 方星移. 论苏东坡黄州期间的饮食文学 [J]. 吉林师范大学学报（人文社会科学版），2016（6）：37—42.

[5] 李明晨、戴涛. 黄冈东坡菜开发应遵循的原则 [J]. 南宁职业技术学院学报，2015（20）：5—8.

[6] 余泱川，于挽平，尹明章，等. 苏轼谪琼期间的养生理论与实践 [J]. 医学与哲学（A），2015（5）：53—55.

[7] 朱红华，张晴. 苏轼诗词中的饮食文化 [J]. 西昌学院学报（社会科学版），2015（4）：58—61.

[8] 尹良珍. 苏轼宦游经历与其饮食题材的关系 [J]. 成都师范学院学报，2014（11）：82—86.

[9] 程曦. 苏轼在黄州的饮食之乐 [J]. 戏剧之家，2014（8）：335—338.

[10] 刘朴兵. 略论苏轼对中国饮食文化的贡献 [J]. 农业考古，2012（6）：214—220.

[11] 王友胜. 苏轼饮食文学创作漫论 [J]. 古典文学知识，2012（3）：49—56.

[12] 康保苓，徐规. 苏轼饮食文化述论 [J]. 浙江大学学报（人文社会科学版），2002（1）：97—103.

[13] 张进，张惠民. 苏轼与酒、茶文化 [J]. 陕西师范大学学报（哲学社会科学版），2001（4）113—120.

[14] 王紫骆. 苏轼饮食文化书写研究 [D]. 汉中：陕西理工大学，2022.

[15] 鞠强. 苏轼饮食题材诗词研究 [D]. 大连：辽宁师范大学，2019.

[16] 刘丽. 宋代饮食诗研究 [D]. 杭州：浙江大学，2017.

[17] 吴丹. 苏轼诗文中的饮食文化述析 [D]. 杭州：浙江工商大学，2016.

[18] 邱丽清. 苏轼诗歌与北宋饮食文化 [D]. 西安：西北大学，2010.

［19］曾枣庄，舒大刚．苏东坡全集［M］．北京：中华书局，2021.
［20］王水照，朱刚．苏轼评传［M］．湖北：长江文艺出版社，2019.
［21］朱刚．苏轼十讲［M］．上海：上海三联书店，2019.
［22］王水照，崔铭．苏轼传［M］．北京：人民文学出版社．2019.

第三章　知味善食乐：达观东坡与平淡饮食

【学习目标】

· **知识目标**：

了解苏轼制作的美食的种类，理解苏轼平淡美食制作中蕴含的达观精神。

· **能力目标**：

能结合苏轼制作的美食品类与具体食品，阐述苏轼在平淡美食制作中展现出来的达观精神与文人情趣。

· **素养目标**：

激发生活热情，培养达观精神和文人情趣。

第一节　随缘自适，不择精细

苏轼在《老饕赋》中说："盖聚物之夭美，以养吾之老饕"，他一生因着特别的政治经历踏足大江南北，尝尽各地风味，确实称得上"老饕"。但苏轼不只喜吃善吃，知味识味，而且将各地美食、日常菜肴作为对象在诗文中尽力歌咏。无论是在饮食实践上、饮食理论上，还是在饮食类诗文创作上，苏轼对中国饮食文化的发展都产生了重大影响。美食里充溢着他对这个世界的热爱，他通过享用美食、制作美食，躬耕劳作来感受并融入这个世界。

苏轼喜爱美食人尽皆知，且以"老饕"自喻，对于天下美食勇于尝试且不吝赞美之词，吃河豚投箸大叹"值得一死于是"，赞美荔枝"风骨自是倾城姝"。苏轼对美食的选材与制作也颇有心得，《老饕赋》非常详尽地记载了他对于美食的品评与制作心得。但苏轼并未沉溺于口腹之欲，成为一个后世传统意义上的"老饕"，对于普普通通的食物，他同样吃得津津有味，也能吃得"一笑而起，渺海阔而天高"。他在《超然台记》中说："凡物皆有可观，苟有可观，皆有可乐，非必怪奇玮丽者也。饣甫糟啜醨，皆可以醉。果蔬草木，皆可以饱。推此类也，吾安往而不乐。"[①] 根据其诗文记载，苏轼日常生活中

① 苏轼. 苏轼文集［M］. 孔凡礼，点校. 北京：中华书局，1986：351.

的饮食品类十分丰富，涉及大麦、粳米、小豆、蔓菁、萝卜、茵陈、白菜、荠菜、猪肉、江豚、鱼、竹笋、黄柑、荔枝、蓼菜、韭菜、菠菜、青蒿、菌类、芋头等，基本上都是常见食材。苏轼还善于因地制宜，用这些常见食材，通过传统或者独创的烹饪手法，烹制出美味可口、风味独特的各色菜肴。总体来看，苏轼制作的美食品类主要有素菜、荤菜和主食三类。

一、素菜

宋代人偏重素食，因为他们认为“醉醲饱鲜，昏人神志，若疏食菜羹，则肠胃清虚，无滓无秽，是可以养神也”（罗大经《鹤林玉露》）。据宋代饮食古籍记载，宋代素食品类已达到二百多种。素菜是其中最常见的素食品类之一。苏轼曾制作出数种素菜，食材主要取自各类种植蔬菜或野菜。

苏轼在徐州任上，思念家乡的苦笋、江豚，但是眼前又只有徐州的地方蔬菜。于是就地取材，将蔓菁、韭菜、荠菜、青蒿、茵陈、甘菊等都变成了他的盘中美味。《春菜》一诗，记载了苏轼如何将徐州本地产的蔓菁、韭芽、青蒿、茵陈、甘菊等蔬菜制作成美食：

> 蔓菁宿根已生叶，韭芽戴土拳如蕨。烂蒸香荠白鱼肥，碎点青蒿凉饼滑。宿酒初消春睡起，细履幽畦掇芳辣。茵陈甘菊不负渠，鲙缕堆槃纤手抹。北方苦寒今未已，雪底波稜如铁甲。岂如吾蜀富冬蔬，霜叶露芽寒更茁。久抛松菌犹细事，苦笋江豚那忍说。明年投劾径须归，莫待齿摇并发脱[①]。

黄庭坚所和的《次韵子瞻春菜》则又补充了苏轼制作美食的其他食材：

> 北方春蔬嚼冰雪，妍暖思采南山蕨。韭苗水饼姑置之，苦菜黄鸡羹糁滑。莼丝色紫菰首白，蒌蒿芽甜蔊头辣。生葅入汤翻手成，芼以姜橙夸缕抹。惊雷菌子出万钉，白鹅截掌鳖解甲。琅玕林深未飘箨，软炊香秔煨短茁。万钱自是宰相事，一饭且从吾党说。公如端为苦笋归，明日青衫诚可脱[②]。

诗中苏轼用来制作美食的食材有苦菜、莼菜、蔊菜、蒌蒿、生姜、蕨菜、蘑菇等野生或种植的蔬菜，苏轼甚至还用酸菜来做汤。对于这些常见易得的食材，苏轼不仅用其将菜做得色香味俱全，而且制作品类多样化，如蒸制香荠，或者做凉面用青蒿点缀，或

---

① 苏轼. 苏轼诗集合注［M］. 上海：上海古籍出版社，2001：759—760.

② 黄庭坚. 黄庭坚诗集注·山谷外集诗注：卷二［M］. 任渊，史容，史季温，注. 北京：中华书局，2013：813.

是用酸菜做汤，普通日常的饭菜也让苏轼体会到无穷乐趣。荠菜与蓼菜、蒿笋（茭白）、竹笋、蔓菁、萝卜等是苏轼常用的美味食材。他在《狄韶州煮蔓菁芦菔羹》一诗中称“我昔在田间，寒庖有珍烹。常支折脚鼎，自煮花蔓菁”①；在《与徐十二书》中赞誉荠菜“虽不甘于五味，而有味外之美”②，并美其名曰“天然之珍”；而元丰七年（1084）十二月，苏轼与泗州刘倩叔同游南山，所作《浣溪沙》中有“雪沫乳花浮午盏，蓼茸蒿笋试春盘。人间有味是清欢”③。蓼茸是指蓼菜嫩芽，蒿笋即野茭白。午茶时，击拂而起的雪白的泡沫飘浮在茶盏上，蓼芽与野茭白鲜嫩嫩地装在春盘里。静谧的山间、普通的春菜、眼前的老友，无一不是苏轼的清欢至味。

关于采食荠菜，还有一件有趣的事。苏辙曾经写过一首诗给苏轼，诗中忧心天旱无收，无饭菜可食：“久种春蔬早不生，园中汲水乱瓶罂。菘葵经火未出土，僮仆何朝饱食羹。强有人功趋节令，怅无甘雨困耘耕。家居闲暇厌长日，欲看年华上菜茎。”（《种菜》）苏轼用一首《次韵子由种菜久旱不生》安慰弟弟的担忧：“新春阶下笋芽生，厨里霜齑倒旧罂。时绕麦田求野荠，强为僧舍煮山羹。园无雨润何须叹，身与时违合退耕。欲看年华自有处，鬓间秋色两三茎。”④ 他告诉苏辙可以去麦田里寻找荠菜，然后煮一些荠菜羹来吃。这是苏轼的生活经验，也体现了苏轼的乐观。

四川人爱吃竹笋，近千年前的苏轼也不例外。苏轼的家乡眉州产竹子，竹笋对于当年的苏轼来说也是熟悉的盘中佳肴。“残花带叶暗，新笋出林香。”⑤（《大老寺竹间阁子》）新生竹笋鲜嫩味美，还带有林间新芽散发出的甘甜。刚到黄州，寄居寺院的苏轼感叹自己“自笑平生为口忙，老来事业转荒唐”，看到长江就想到江鱼的鲜美，看到满山的竹子就立刻吟出“长江绕郭知鱼美，好竹连山觉笋香”⑥（《初到黄州》），似乎马上就闻到了竹笋的香味。之后在给黄州通判孟震的信中，苏轼写道：“今日斋素，食麦饭笋脯有余味，意谓不减刍豢。念非吾亨之，莫识此味，故饷一合，并建茶两片，食已，可与道媪对啜也。”（《与孟亨之》）⑦ 普普通通的麦饭、竹笋到了苏轼这里，却有了“不减刍豢”的美味。与老朋友的几句日常话语中透露出苏轼的淡然自乐。

《东坡羹颂（并引）赋》记载他食用最常见的蔬菜，即菘、蔓菁、芦菔、苦荠与大米一起熬煮成羹。菘、蔓菁、芦菔、苦荠这些野菜在海南很容易获得，苏轼得以经常食用。在这里苏轼忘却了口腹之累，安于菜羹，觉得这因陋就简而成的菜羹“有自然之味”，甚至吃出了“问师此个天真味，根上来么尘上来”的人生况味。

“美恶在我，何与于物”，所以虽然身在黄州、惠州、儋州，没有实际官职，经济状况也十分不佳，但是苏轼享受着简朴美食带给他的乐趣。

---

① 苏轼．苏轼诗集合注［M］．上海：上海古籍出版社，2001：2259.
② 苏轼，邹同庆，王宗堂．苏轼词编年校注［M］．北京：中华书局．2007：550.
③ 苏轼．苏轼文集［M］．孔凡礼，点校．北京：中华书局，1986：1733.
④ 苏轼．苏轼诗集合注［M］．上海：上海古籍出版社，2001：184.
⑤ 苏轼．苏轼诗集合注［M］．上海：上海古籍出版社，2001：185.
⑥ 苏轼．苏轼诗集合注［M］．上海：上海古籍出版社，2001：994.
⑦ 苏轼．苏轼诗集合注［M］．上海：上海古籍出版社，2001：1750.

二、荤菜

苏轼在诗文中经常提到的主要荤菜食材是鱼、猪头、猪肉、羊脊骨、生蚝。

贬谪黄州期间，好友巢元修前去看望他，苏轼便亲自下厨为其制作美食，“亲执铊匕，煮鱼羹以设客，客未尝不称善”（《苏轼文集·东坡志林》）[①]。苏轼还在《鱼蛮子》一诗中记述了他做鲤鱼的方法，另写有《煮鱼法》一文，介绍自己烹调鱼的经验。

除了鱼，苏轼也喜欢猪肉。性喜猪肉的苏轼惊喜地发现黄州物价非常低，“猪、牛、獐、鹿如土，鱼蟹不论钱”（《答秦太虚书》）[②]，“鱼稻薪炭颇贱，甚与穷者相宜”[③]（《与章子厚参政书二首之一》）。虽然猪肉物美价廉，但是黄州百姓不知如何将其制成美食。苏轼经过实践，创制了一种烹制猪肉的方法，用这种方法做出的猪肉鲜美多汁、香而不腻。普普通通的甚至黄州富贵人家都不吃的猪肉，让苏轼做成了美味，流传千年的东坡肉如今成为名菜，与西湖醋鱼、宫保鸡丁、麻婆豆腐同列“中国十大名菜”。

苏轼除了烹制猪肉，还烹制过猪头，他在《与子安兄七首（之一）》中说自己“常亲自煮猪头，灌血腈，作姜豉菜羹，宛有太安滋味”[④]。

羊肉是北宋时期的王牌肉食，皇宫饮食中的肉类只用羊肉。羊主要来自北方州县自养或向契丹购买，因此羊肉的价格非常高。宋代高公泗的《吴中羊肉价高有感》里讲“平江九百一斤羊，俸薄如何敢买尝。只把鱼虾供两膳，肚皮今作小池塘”。朝廷虽然给官员一定补贴让他们能够保证饮食，但苏轼被贬至惠州时，惠州市场上羊肉每天的供应量非常小，这位“十年京国厌肥羚”的贬官因手头拮据，只好买羊脊骨煮透，浇上酒、撒上盐，烘烤到骨肉微焦后食用，还写信将这段苦中作乐的事告诉给了弟弟苏辙。

两次被贬，苏轼早已学会随遇而安，随缘自适。苏轼第三次被贬至海南儋州。儋州靠海，盛产海鲜。靠山吃山，靠海吃海，既是祖先智慧的传袭，也是面对生活窘境最实际的应对方式。苏轼也学着当地人吃起了海货。他在《食蚝》中记载了自己吃生蚝的事：“剖之，得数升，肉与浆入水与酒并煮，食之甚美。未始有也。又取其大者，炙熟，正尔啖嚼，又益□煮者。”[⑤] 用最简单的方法将最常见的本地食材制作出最本色的美味，还调侃说告诫儿子苏过不要告诉别人，以免士大夫们知道了会把他的美味分走。

苏轼还吃过野禽，一百钱买两只漂亮的野禽和鸡鸭一起烧煮。对此他在《食雉》一诗中进行了记载：

雄雉曳修尾，惊飞向日斜。空中纷格斗，彩羽落如花。

---

① 苏轼. 苏轼文集［M］. 孔凡礼，点校. 北京：中华书局，1986：2371 .

② 苏轼. 苏轼文集［M］. 孔凡礼，点校. 北京：中华书局，1986：1534.

③ 苏轼. 苏轼文集［M］. 孔凡礼，点校. 北京：中华书局，1986，1411.

④ 苏轼. 苏轼文集［M］. 孔凡礼，点校. 北京：中华书局，1986：1829.

⑤ 明拓苏轼书献蚝帖，故宫博物院藏.

喧呼勇不顾，投网谁复嗟。百钱得一双，新味时所佳。

烹煎杂鸡鹜，爪距漫槎牙。谁知化为蜃，海上落飞鸦。[1]

三、主食

（一）二红饭

元丰四年（1081）春天，苏轼带领全家开垦朋友马正卿为他申请的一块废弃的营地。经过辛勤劳作，终于收获大麦二十余石，但是家中粳米没有了，只能让家中仆人舂大麦来吃，以至于孩子们调侃说坚硬的大麦饭吃起来像嚼虱子。他又让厨人把大麦与小豆放一起蒸饭，被妻子笑称为“二红饭”。面对大麦价格低贱且粳米缺少的情况，苏轼随缘自适的乐观化解了饮食短缺带来的苦楚，并总结说“事无事之事，百事治兮。味无味之味，五味备兮”（《药诵》）[2]。

（二）山芋

绍圣三年（1096）年底，被贬惠州的苏轼的家庭经济更加困难，他在《和陶岁暮作和张常侍并引》中自嘲“十二月二十五日，酒尽，取米欲酿，米亦尽”[3]。又在《记惠州土芋》中记述“丙子除夜前两日，夜饥甚，远游煨芋两枚见啖，美甚”[4]。过两天，在除夕夜，又和吴远游吃烧烤的芋头，写下《除夜，访子野食烧芋，戏作》一诗：“松风溜溜作春寒，伴我饥肠响夜阑。牛粪火中烧芋子，山人更吃懒残残。”[5]

宋代的海南“多荒田，俗以贸香为业。所产秔稌，不足于食。乃以薯芋杂米作粥糜以取饱”（《和陶劝农六首并引》），“海南连岁不熟，饮食百物艰难，及泉、广海舶绝不至，药物鲊酱等皆无”（《与侄孙元老书》）。

粮食生产落后，又连续饥荒，苏轼和儋州百姓一样只能以紫薯、芋头等块茎植物为主食来充饥。苏过把烧山芋改作“玉糁羹”，苏轼吃过，赞不绝口，写下《过子忽出新意，以山芋作玉糁羹，色香味皆奇绝，天上酥陀则不可知，人间决无此味也》。在他看来，苏过用山芋做成的玉糁羹香浓洁白、味如牛乳，甚至比松江鲈脍（所谓金齑玉脍）更加美味。

（三）羹粥类

羹粥是宋代常见的食品之一。苏轼在很多诗文中留下了他制作或食用羹粥的事迹。

---

① 苏轼．苏轼诗集合注［M］．上海：上海古籍出版社，2001：75.

② 苏轼．苏轼文集［M］．孔凡礼，点校．北京：中华书局，1986：1986.

③ 苏轼．苏轼诗集合注［M］．上海：上海古籍出版社，2001：2087.

④ 苏轼．苏轼文集［M］．孔凡礼，点校．北京：中华书局，1986：2365 .

⑤ 苏轼．苏轼诗集合注［M］．上海：上海古籍出版社，2001：2119.

豆粥，从汉代起已成为中国人常见的食品。宋代诗歌里的豆粥一般指腊八粥，或用舂过的豆子与稻米煮成的粥。苏轼《豆粥》一诗记载了他对豆粥的喜爱，舂过的粳米，加上煮得酥软的豆子。四溢的粥香让苏轼天刚亮，蓬着乱发，趿拉着鞋子就跑到朋友家去享用这人间真味了："地碓舂粳光似玉，沙瓶煮豆软如酥。我老此身无著处，卖书来问东家住。卧听鸡鸣粥熟时，蓬头曳履君家去。"①

绍圣元年（1094），苏轼被贬惠州，赴惠州途中写下《过汤阴市得豌豆大麦粥示三儿子》：

> 朔野方赤地，河壖但黄尘。秋霖暗豆漆，夏旱臞麦人。逆旅唱晨粥，行庖得时珍。青斑照匕筯，脆响鸣牙龈。玉食谢故吏，风飧便逐臣。漂零竟何适，浩荡寄此身。争劝加饮食，实无负吏民。何当万里客，归及三年新。②

当年河南大旱，收成极差。粗糙的豆少麦多的杂粮粥，也被苏轼当作"时珍"。遭贬加上路途艰难，已自顾不暇，苏轼一面教育儿子要努力加餐，一面心忧黎元，祈祷旱灾能快点结束，百姓不再离家漂泊。

被贬惠州途中苏轼还写下一首《狄韶州煮蔓菁芦菔羹》，记载了他曾用大头菜、萝卜制作菜粥。

《菜羹赋》记载了另一种菜粥的做法，即将大头菜、萝卜、荠菜加陈年的米和豆搅匀熬煮。苏轼感叹自己像奔逃的兔子一样，惶惶不安，颠沛流离，饥肠辘辘，吃的是陈年的谷子和邻居送的蔬菜。然而这困顿的生活并没有击垮苏轼，相反，他在这"水陆之味，贫不能致"的困顿中悟得人生的另一境界，安于菜羹，以不残杀生命而成仁人，甚至有像远古时期葛天氏的臣民那样自由和快乐。回归到生活的本身，苏轼有了更多的内心宁静。

《东坡羹颂并引》中记述了苏轼创制"东坡羹"的方法，把揉洗干净去除了苦味的小白菜、大头菜、萝卜、荠菜下到煮沸的锅中，加入生米、生姜熬煮。因为不用鱼肉五味，吃到的是食物最本真的味道。最后一句"问师此个天真味，根上来么尘上来"，充满禅机。粗茶淡饭里隐藏着人生的真谛，这一粥一饭让苏轼体味到了生命最本真的状态。

《东坡志林》"记养黄中"一则记载了苏轼曾经创制蔻姜蜜粥来食用。

苏轼对于美食的探索大多在谪居流放期间，每一次的贬谪对他都是一种打击。但在苏轼的眼中，无论精粗、皆有可赏的日常饮食不仅仅能维持生命，还给他的生活带来了欢乐与美。这些欢乐与美消抵了被贬谪的落寞与心伤。正是在这样烟火气的生活里，苏轼恬然自安的旷达、超越的人生态度才一点点被磨炼出来。

---

① 苏轼．苏轼诗集合注［M］．上海：上海古籍出版社，2001：1211.

② 苏轼．苏轼诗集合注［M］．上海：上海古籍出版社，2001：1923.

四、水果

宋代文人喜欢把生活写进诗歌，把饮食写进诗歌，蔬果也像茶、像花草一样成为文人描写的对象。据统计，北宋诗歌中出现的水果种类多达 35 种，专写柑橘的有 28 篇，专咏荔枝的有 72 篇之多。根据诗文记载，苏轼吃过的水果有柑橘、荔枝、香蕉、杨桃、梅子、龙眼、槟榔数种。

在苏轼笔下，柑橘和荔枝是被描写最多的水果。

柑橘一般果色鲜丽，汁液多而酸甜可口，在隋唐时期已经成为江南普遍种植的水果之一。宋代柑橘种植区域虽然经过缩减，但仍大量种植，种植区域主要集中分布在两浙、江西、荆湘、四川、福建、广南等南方各地，四川果州是当时的优良柑橘产地。苏轼在《戏和正辅一字韵》中讲到家乡的柑橘种植“故居剑阁隔锦官，柑果姜蕨交荆营”。“人情同于怀土兮，岂穷达而异心”（王粲《登楼赋》），家乡的美味是苏轼心头萦绕不去的乡愁。《七年九月自广陵召还复馆于浴室东堂八年六月乞会稽将去汶公乞诗乃复用前韵三首其二》中记载苏轼从扬州被召还，路过会稽，还在惦念杭州梵天寺月廊的卢橘。但苏轼关于吃柑橘的诗文多写于杭州任官与被贬惠州、儋州期间。在杭州时作的《初自径山归，述古召饮介亭，以病先起》讲到余杭径山的橘子“西风初作十分凉，喜见新橙透甲香”[①]。熙宁七年（1074），作为杭州通判到临安於潜视察蝗灾时又提到了於潜的柑橘“黑黍黄粱初熟后，朱柑绿橘半甜时”（《与手令方尉游西菩寺二首》）[②]，《催试官考较戏作》又提到了杭州的野生橘“凤咮堂前野橘香，剑潭桥畔秋荷老”[③]，在诗文频频提到柑橘，可见苏轼对柑橘的关注。而《食甘》《浣溪沙·几共查梨到雪霜》和《浣溪沙·咏橘》则生动形象记载了苏轼吃柑橘的感受：

食甘

一双罗帕未分珍，林下先尝愧逐臣。露叶霜枝剪寒碧，金盘玉指破芳辛。清泉蔌蔌先流齿，香雾霏霏欲噀人。[④]

浣溪沙

几共查梨到雪霜，一经题品便生光，木奴何处避雌黄。北客有来初相识，南金无价喜新尝，含滋嚼句齿牙香。[⑤]

---

① 苏轼. 苏轼诗集合注［M］. 上海：上海古籍出版社，2001：478.
② 苏轼. 苏轼诗集合注［M］. 上海：上海古籍出版社，2001：558.
③ 苏轼. 苏轼诗集合注［M］. 上海：上海古籍出版社，2001：352.
④ 苏轼. 苏轼诗集合注［M］. 上海：上海古籍出版社，2001：1110.
⑤ 苏轼. 苏轼诗集合注［M］. 上海：上海古籍出版社，2001：1110.

浣溪沙·咏橘

菊暗荷枯一夜霜，新苞绿叶照林光。竹篱茅舍出青黄。香雾噀人惊半破，清泉流齿怯初尝。吴姬三日手犹香。①

剥开金黄色的外皮，柑橘的香甜如雾般喷薄而出。咬一口，浓郁甘甜的柑橘汁液充溢于口舌之间，如山间清泉在流淌。吴地女子的手剥橘后三日还有香味，以至于忍不住一边品尝橘子滋味，一边写下赞美句子的诗句。在这些诗词里，苏轼用比喻与夸张的手法形象地描写了柑橘的美味。在《次韵正辅同游白水山》中，苏轼写下"赤鱼白蟹箸屡下，黄柑绿橘笾常加"，可作为苏轼在惠州经常吃惠州柑橘的证明。

位于亚热带的惠州水果出产丰富，荔枝是当地常见的水果之一。苏轼不仅酷爱吃荔枝，还对描写吃荔枝的感受不吝笔墨，提到荔枝的诗有多首。苏轼在《四月十一日初食荔支》（荔支即荔枝，下同）中详尽地描述了第一次吃荔枝的美好体验：

南村诸杨北村卢，白华青叶冬不枯。垂黄缀紫烟雨里，特与荔支为先驱。海山仙人绛罗襦，红纱中单白玉肤。不须更待妃子笑，风骨自是倾城姝。不知天公有意无，遣此尤物生海隅。云山得伴松桧老，霜雪自困楂梨粗。先生洗盏酌桂醑，冰盘荐此赪虬珠。似闻江鳐斫玉柱，更洗河豚烹腹腴。我生涉世本为口，一官久已轻莼鲈。人间何者非梦幻，南来万里真良图。②

在这首诗里，苏轼对荔枝极尽赞美之词。前四句以杨梅和卢橘为铺垫，对比衬托引出荔枝。"垂黄缀紫烟雨里"的荔枝如同身着绛衣的仙子，褪去罗襦，红色的纱衣里露出莹润洁嫩的肌肤，无需杨玉环的笑容衬托，已自是倾国倾城，放在洁净冰盘上的圆润荔枝更显得超凡脱俗。"似闻江鳐斫玉柱，更洗河豚烹腹腴"，江鳐、河豚是苏轼喜爱的两种珍贵美食，苏轼在这首诗下自注"予尝谓荔支厚味高格两绝，果中无比，惟江鳐柱、河豚鱼近之耳"，把荔枝与人间珍味江鳐、河豚相提并论，足以说明其对荔枝的珍爱，而"南来万里真良图"则攒足了苏轼对于荔枝的喜爱。尽管苏轼对美味的荔枝无比珍爱，甚至"日啖荔枝三百颗，不辞长作岭南人"，但面对像"一骑红尘妃子笑，无人知是荔枝来"的斗茶选贡茶、朝野挥霍成风、百姓生活负担日渐加重的状况，苏轼毅然借荔枝发出无情的鞭挞，即《荔支叹》：

十里一置飞尘灰，五里一堠兵火催。颠坑仆谷相枕藉，知是荔支龙眼来。飞车跨山鹘横海，风枝露叶如新采。宫中美人一破颜，惊尘溅血流千载。永元荔支来交州，天宝岁贡取之涪。至今欲食林甫肉，无人举觞酹伯游。我愿天公怜赤子，莫生

① 苏轼，邹同庆，王宗堂．苏轼词编年校注［M］．北京：中华书局．2007：745.

② 苏轼．苏轼诗集合注［M］．上海：上海古籍出版社，2001：2025.

尤物为疮痏。雨顺风调百谷登，民不饥寒为上瑞。君不见武夷溪边粟粒芽，前丁后蔡相笼加。争新买宠各出意，今年斗品充官茶。吾君所乏岂此物，致养口体何陋耶？洛阳相君忠孝家，可怜亦进姚黄花。①

初食荔枝时的惊叹“不知天公有意无，遣此尤物生海隅”，变成了“我愿天公怜赤子，莫生尤物为疮痏”的祈愿。虽然远离庙堂，在苏轼眼中，风调雨顺、五谷丰登，百姓衣食无忧才是盛世气象，人民才是生活的主角。

虽然苏轼认为荔枝“果中无比，惟江鳐柱、河豚鱼近之耳”，但是有一样岭南水果却让苏轼认为可以与荔枝媲美，这种水果就是龙眼。苏轼在《廉州龙眼，质味殊绝，可敌荔支》中赞美龙眼：

龙眼与荔支，异出同父祖。端如甘与橘，未易相可否。异哉西海滨，琪树罗玄圃。累累似桃李，一一流膏乳。坐疑星陨空，又恐珠还浦。图经未尝说，玉食远莫属。独使皴皮生，弄色映雕俎。蛮荒非汝辱，幸免妃子污。②

宋代闽越高荔枝而下龙眼，但在苏轼看来，龙眼和荔枝好比柑与橘，难以分别。他描绘西海滨的龙眼树，如同仙境仙树，不仅硕果累累，而且如桃李饱满，果汁盈满。他还把龙眼比喻成天上的星辰陨落和珍珠还归合浦，甚至认为龙眼生长于蛮荒之地，反而是一种幸运，免得遭受“一骑红尘妃子笑，无人知是荔枝来”的玷污。

除了柑橘、荔枝、龙眼，杨桃也是苏轼喜欢的水果。因为杨桃有五条棱，所以又被称为五棱子，果多汁，味酸甜。苏轼曾在《次韵正辅同游白水山》一诗中写道：“恣倾白蜜收五稜，细劚黄土栽三椏。”③ 杨桃有清香之味，不成熟的杨桃有酸涩之感，“恣倾白蜜收五稜”或是苏轼记载的宋代杨桃吃法。

苏轼还曾两次提到吃香蕉的事。一次是在《正月二十四日，与儿子过、赖仙芝、王原秀才、僧昙颖、行全、道士何宗一同游罗浮道院及栖禅精舍，过作诗，和其韵，寄迈、迨一首》中记载了“栖禅晚置酒，蛮果粲蕉荔”④，说晚上栖宿禅院，禅院里提供了南方的水果香蕉与荔枝。另一次是在《和陶答庞参军六首（其二）》中，“旨酒荔蕉，绝甘分珍。虽云晚接，数面自亲”⑤。关于香蕉的口感与吃香蕉的体验，苏轼没有明确的诗歌记载。

海南产槟榔，槟榔具有行气消积，杀虫截虐的功效，是“食疗”的绝佳药材。《本草纲目》记载槟榔“与扶留叶合蚌灰嚼之，可辟瘴疠，去胸中恶气”。苏轼被贬儋州时，

---

① 苏轼．苏轼诗集合注［M］．上海：上海古籍出版社，2001：2028.
② 苏轼．苏轼诗集合注［M］．上海：上海古籍出版社，2001：2220.
③ 苏轼．苏轼诗集合注［M］．上海：上海古籍出版社，2001：2015 .
④ 苏轼．苏轼诗集合注［M］．上海：上海古籍出版社，2001：1983.
⑤ 苏轼．苏轼诗集合注［M］．上海：上海古籍出版社，2001：2099 .

不光爱上了嚼槟榔，还写下《咏槟榔》《食槟榔》等诗。在《咏槟榔》中，苏轼指出了槟榔的药用功效“可疗饥怀香自吐，能消瘴疠暖如薰”①。《食槟榔》则对吃槟榔的过程与槟榔口感做了细致入微的描写：

> 北客初未谙，劝食俗难阻。中虚畏泄气，始嚼或半吐。吸津得微甘，著齿随亦苦。面目太严冷，滋味绝媚妩。②

北方人一般不懂吃槟榔的正确方法，常常是嚼两下就想吐掉。苏轼吃槟榔的感受是先食而苦，再嚼则甘中带苦。因为喜爱槟榔，苏轼还把自己亲手所建的房子取名“槟榔居”，屋后种了槟榔树，他还会在槟榔树下和村民聊天。

作为海南特产，椰子也成了苏轼日常食用的水果之一，其《椰子冠》诗云：

> 天教日饮欲全丝，美酒生林不待仪。自漉疏巾邀醉客，更将空壳付冠师。规模简古人争看，簪导轻安发不知。更著短檐高屋帽，东坡何事不违时。③

苏轼入乡随俗，用椰子酿酒，用椰子壳做帽子，还写诗以自我调侃的方式表现了他不以远谪为意，随遇而安又违时自傲的精神。

王学泰在《中国饮食文化精神》里说，中国传统文化注重从饮食角度看待社会与人生。老百姓日常生活中的第一件事就是吃喝，固有“开了大门七件事，柴米油盐酱醋茶”之说。食前方丈、钟鸣鼎食之家把吃饭看作一种享受，读《红楼梦》有人厌烦里面老写吃饭宴会，实际上这不仅是贵族生活本身，也反映了作者对生活的理解。即使普通人的日常饭菜也会使食者体会到无穷乐趣。④ 面对徐州、惠州、黄州、儋州山野中最常见的野菜，惠州集市上大家不买的羊脊骨，黄州富人不吃的猪肉与亲自耕收的大麦，长江里的游鱼，山间的竹笋，儋州海边随处可捡拾的海产品与山芋，苏轼也能通过独特的烹调手段开发出美味。对于美食，苏轼已经超越了饮食的实用主义层面，将其上升为一种随缘自适的人生境界，在美食的制作中与享用中，苏轼穷且益坚、乐天知命的精神一点点显现出来。

第二节　躬身庖厨，好吃善制

在中国古代的饮食发展历史中，宋代堪称顶峰。不光饮食种类繁多，很多饮食还带

---

① 苏轼. 苏轼诗集合注［M］. 上海：上海古籍出版社，2001：2470 .
② 苏轼. 苏轼诗集合注［M］. 上海：上海古籍出版社，2001：2037 .
③ 苏轼. 苏轼诗集合注［M］. 上海：上海古籍出版社，2001：2135－2136.
④ 王学泰. 中国饮食文化精神［N］. 北京：光明日报，2006－11－30（7）.

着特有的仪式感，而宋代的文人喜欢将这些日常饮食图景或感受记载于诗文之中。他们把“饥寒交迫的生活窘境，转换成了饭香菜美、有温度的诗意仙境。也正是这些有学术含量的饭菜羹汤，再加上有高尚审美取向的诗词，使得原本贫瘠的生活有了滋养，他们的生命，也因此增加了长度和厚度”①。对于苏轼来说，品尝、制作与书写美食更多是与他的政治经历联系在一起的。美食与美食制作是他与世界的相处之道，他在美食制作中抛却苦恼，回归到生活的原始状态，在美食制作与享用中寻找生活的乐趣，在美食制作中理解着生活。

苏轼对美食的喜爱贯穿其一生。苏轼年轻时，即有烹饪自养的经历与兴趣。他在被贬惠州途中写下的《狄韶州煮蔓菁芦菔羹》记载了年轻时“常支折脚鼎，自煮花蔓菁”的事。步入仕途后，尤其在三次被贬谪期间，苏轼经常亲自烹制美食，甚至还以此为乐。苏轼制作美食的意趣主要可以总结为以下三点。

一、追寻创造的乐趣

苏轼虽然喜好美食，但并非仅追逐口腹之欲，而是从美食制作中寻找生活的意趣。制作二红饭、东坡羹、元修菜、猪肉、江鱼、菜羹等食物，对于苏轼来说，能品味出与世界的相处之道，其间承载着他的困顿，也承载着他的欣喜与欢乐。

二红饭是苏轼创造的著名食品之一，苏轼记述了“二红饭”的创制过程。在经过辛勤的劳作之后，终于“收大麦二十余石”，可是“卖之价甚贱，而粳米适尽”，于是“乃课奴婢舂以为饭，嚼之啧啧有声。小儿女相调，云是嚼虱子”。小孩子虽然这么开玩笑，苏轼却认为，“日中饥，用浆水淘食之，自然甘酸浮滑，有西北村落气味”。于是，第二次制作时，苏轼让厨师加入小豆一起煮制，觉得“尤有味”，“老妻大笑曰：‘此新样二红饭也。’”这篇短文是苏轼亲自记录下的日常生活。他给王子高的信中更是提道：“若更刻却二红饭一帖，遂传作一世界笑矣。”② 中国人在承受生活的苦楚之时，似乎也很善于从苦中挖出甜来。因粮食不足而拼凑创制的“二红饭”，在苏轼那里成了他自我疏解的欢乐。而且从诗文中看，苏轼对于“二红饭”的创制很是自豪。

鱼是苏轼日常烹制的食材之一。他在《鱼蛮子》一诗中记述了做鲤鱼的方法：“擘水取鲂鲤，易如拾诸途。破釜不著盐，雪鳞芼青蔬。”③又写有《煮鱼法》一文，专门介绍他做鱼的经验：“子瞻在黄州，好自煮鱼。其法，以鲜鲫鱼，或鲤，治斫，冷水下入，盐如常法，以菘菜心芼之，仍入浑葱白数茎，不得搅。半熟，入生姜、萝卜汁及酒各少许，三物相等，调匀乃下。临熟，入橘皮线，乃食之。其珍食者自知，不尽谈也。”④苏轼此种做法就是将新鲜的鲫鱼或者鲤鱼收拾干净，然后抹上食盐，再加上小白菜放入

① 韩希明. 杯盘碗盏溢诗情：宋代诗词里的饮食［M］. 北京：北京联合出版公司，2022：2.

② 苏轼. 苏轼文集［M］. 孔凡礼，点校. 北京：中华书局，1986：2380.

③ 苏轼. 苏轼诗集合注［M］. 上海：上海古籍出版社，2001：1096.

④ 苏轼. 苏轼文集［M］. 孔凡礼，点校. 北京：中华书局，1986：2371.

沸水锅中文火烧煮，另外还要加入葱白、生姜、萝卜汁和酒，并且强调把这些佐料调匀以后再放入煮鱼的锅中，临出锅时放入橘皮。最后苏轼在这篇名为《煮鱼法》的短文中说道："其珍食者自知，不尽谈也。"显然，他觉得其滋味已经无法用言语完全表达出来了。宋代文人爱将饮食之事写入诗文，但具体写烹饪之法的并不多见，亲自下厨做饭的文人士大夫也不多见。苏轼从食物制作过程中体悟的奥妙与趣味，多多少少冲淡了他颠沛流离贬谪生活中的辛酸与苦楚。

苏轼不只创制了后世的名菜——东坡鱼，他在黄州反复实践，发明了一种烹制猪肉的好方法，并为此写了一首《猪肉颂》，《猪肉颂》记载猪肉的做法是："净洗铛，少著水，柴头罨烟焰不起。待他自熟莫催他，火候足时他自美。"① 少著水，小火炖，火候到时，味道自然甘香醇美，如同人生，慢慢经历，慢慢沉淀，自会有人生的浓厚与醇美。"早辰起来打两碗，饱得自家君莫管"，此时的苏轼少了年轻时的几分锐气，多了一些智者的平淡。而他用小火慢煨法做出来的猪肉业已成为流传上千年的名菜——东坡肉。

苏轼还用极为常见的蔬菜创制出来一道素菜羹，并自名为"东坡羹"。他在《东坡羹颂》中详述了这道菜的做法：

> 东坡羹，盖东坡居士所煮菜羹也。不用鱼肉五味，有自然之甘。其法以菘若蔓菁，若芦菔，若荠，揉洗数过，去辛苦汁。先以生油少许涂釜，缘及一瓷碗，下菜沸汤中。入生米为糁，及少生姜，以油碗覆之，不得触，触则生油气，至熟不除。其上置甑，炊饭如常法，既不可遽覆，须生菜气出尽乃覆之。羹每沸涌。遇油辄下，又为碗所压，故终不得上。不尔，羹上薄饭，则气不得达而饭不熟矣。饭熟，羹亦烂可食。若无菜，用瓜、茄，皆切破，不揉洗，入罨，熟赤豆与粳米半为糁。余（馀）如煮菜法。②

煮菜羹和蒸饭同时进行，统筹安排，既省时间又使得菜羹与米饭各得其成且香气互浸，所以苏轼说东坡羹"不用鱼肉五味，有自然之甘"。

苏轼一生将对生活的热爱与随缘自适、知足常乐的人生观融入了对食物的创制中。在经历一些小发现、小失败、小探索后，再享受一下小小的成果，这对苏轼来说也成为一种可以自得其乐而饶有意趣的事。

二、注重突出食材本身的特质

大味至简，对于爱好美食的人来说，最常见的食材、最简单的做法可能恰恰是人间

---

① 苏轼．苏轼文集［M］．孔凡礼，点校．北京：中华书局，1986：579.

② 苏轼．苏轼文集［M］．孔凡礼，点校．北京：中华书局，1986：595.

至味清欢。

元修菜本是生长于蜀地的一种野生豌豆，苏轼的同乡挚友巢元修专程到黄州看望苏轼时，从四川带来这种菜籽，曾在黄州苏轼躬耕的田间地头上播撒。苏轼向黄州人介绍此菜时，称其为“元修菜”。元修菜可新鲜食用，也可制成干菜。苏轼在《元修菜》（并叙）中讲到“元修菜”制成干菜的方法“点酒下盐豉，缕橙芼姜葱”。制作元修菜取嫩芽为原料，洗净，放入锅中烹熟，然后加入卤盐，拌入豆豉、葱花、姜汁，香色味俱佳。苏轼说用它来下酒，美味胜过鸡肉、猪肉。“元修菜”的制作，既保持菜本身的特质，也保留了家乡菜的原始味道。苏轼曾说元修菜“此物独妩媚，终年系余胸”，元修菜不但满足了苏轼的口腹之欲，也满足了苏轼的思乡之情。

宋代在蔬菜的加工食用上，多采用煮法。苏轼做鱼，无论是《鱼蛮子》诗，还是《煮鱼法》一文，都可以看出苏轼是采用无油水煮的方式来制作的。主料为鱼，大白菜或小白菜作为配菜，加入葱白、生姜、萝卜汁和酒去腥，并用橘皮提味。这种无油水煮方式烹制出来的鱼，既去除了鱼本身的腥味，又保留了鱼本身的鲜嫩之感。

苏轼在惠州和儋州都曾因困顿以芋充饥。苏轼在《记惠州土芋》中记载了“煨土芋”的方法：“芋当去皮，湿纸包，煨之火，过熟，乃热啖之，则松而腻，乃能益气充饥。”[①] 即将芋头去皮，用湿纸包住，在火上慢慢煨熟，趁热来吃。这样慢慢烤熟的芋头不仅保持了芋头本身的香味，而且口感软糯，既能补气又能充饥。苏轼描述自己吃了这样两枚烤芋头，心情甚是愉悦。而在《除夜，访子野食烧芋，戏作》中，苏轼更是提到了一种更为独特的烤制芋头的方法——“牛粪火中烧芋子”，即用牛粪烧火烤制芋头，并且调侃自己“山人更吃懒残残”，吃得慵懒得都不想动了。用牛粪烤芋头，在常人难以忍受的饥饿困境中，苏轼还能以戏作的形式来实现对困顿生活的消解，这种苦中作乐大概也只有经历过黄州洗礼后的苏轼才能将它诠释得如此淋漓尽致了。

宋代海南粮食种植落后，饮食艰难，苏轼除了跟当地百姓一样以紫薯、芋头充饥，也学着海南当地人靠海吃海。《食蚝》（《献蚝帖》）中记载了苏轼烹制生蚝的方法：“己卯冬至前二日，海蛮献蚝。剖之，得数升，肉与浆入水，与酒并煮，食之甚美，未始有也。取其大者，炙熟，正尔啖嚼，又美吾所煮者。海国食蟹螺八足鱼，岂有厌。”[②] 即把生蚝剖开，把其中的蚝肉和浆汁加入酒与水中煮熟。这样做既保持了生蚝本身的鲜嫩又融入了酒的香味。苏轼写信还调侃式地跟苏过说，不要将这种美味告诉他人，不然会有北方的士人纷纷效仿他，争着被贬到海南来与他争夺如此美味。

明明是困顿到无粮可吃，可字里行间居然见不到一丝半点的悲苦，反而满满都是豁达乐观、积极向上的人生态度。罗曼·罗兰说：“世上只有一种真正的英雄主义，就是认清生活的真相之后，依然热爱生活。”在热爱生活的苏轼这里，烹制美食不再仅仅是满足口腹的基本生存操作，更是以诗意的心境去感悟，去品味日常饮食中真实的乐趣，

---

① 苏轼. 苏轼文集［M］. 孔凡礼，点校. 北京：中华书局，1986：2365.

② 明拓苏轼书献蚝帖，故宫博物院藏.

张扬着蓬勃的生命力，使得原本平凡普通的饮食生活显示出了不平凡的意蕴。躬身庖厨，好吃善制，正是这种自给自养、随遇而安的精神，使得苏轼在颠沛的谪居生活绽放出耀眼的光芒。

三、注重养生

中国饮食药食同源，孙思邈在《千金要方》中记载："凡欲治疗，先以食疗，既食疗不愈，后乃用药尔。"苏轼躬身庖厨，一方面追寻着创造的趣味，享受着食物天然的美味，同时也注重食物的养生功效。苏轼生活中十分注重养生，其《东坡志林》专有《养生说》《记三养》来分享自己的养生之道，并且《养老篇》中提出了"软蒸饭，烂煮肉。温美汤，厚毡褥。少饮酒，惺惺宿。缓缓行，双拳曲。虚其心，实其腹。丧其耳，亡其目。久久行，金丹熟"[①] 的保养之法。

苏轼在创制美食时，注重养生主要体现在以下几个方面：

（一）以茶养生

茶，是从古到今中国人最爱的饮品之一，中国人生活里七件事（柴、米、油、盐、酱、醋、茶）之一就是茶。除了解渴，茶还有养生功效。《神农本草经》中记载茶叶味甘平，有利小便、去痰、解渴、令人少卧、清热解毒、润燥、悦志的功效。陆羽的《茶经》认为茶有通泄、益思、坚齿、润肌的效用。宋代，饮茶文化发展至巅峰。文人苏轼也过着"下马逢佳客，携壶傍小池"（《道者院池上作》）的饮茶会友的生活。饮茶不仅是他的生活方式，他还把饮茶当作养生之法。他认为饮茶可以提振精神，胜过吃药。在《游诸佛舍一日饮酽茶七盏戏书勤师壁》中，他说"何烦魏帝一丸药，且尽卢仝七碗茶"[②]。在《赠包安静先生茶二首》中，他说"建茶三十片，不审味如何。奉赠包居士，僧房战睡魔"[③]。苏轼赠送建茶给自己的高僧好友，希望借助饮茶能帮助他抵抗困意。苏轼自己通宵工作也要喝茶提神，他在《次韵僧潜见赠》中有"簿书鞭扑昼填委，煮茗烧栗宜宵征"，明确说明了这一点。

《论茶》记载了苏轼发明的以茶护齿的养生方法：

> 除烦去腻，不可缺茶，然暗中损人不少。吾有一法，每食已，以浓茶漱口，烦腻既出，而脾胃不知；肉在齿间，消缩脱去，不烦挑刺，而齿性便若缘此坚密。率皆用中下茶，其上者亦不常有。数日一啜不为害也。[④]

---

① 苏轼. 东坡志林［M］. 郑州：中州古籍出版社，2018：27.
② 苏轼. 苏轼诗集合注［M］. 上海：上海古籍出版社，2001：483.
③ 苏轼. 苏轼诗集合注［M］. 上海：上海古籍出版社，2001：2052.
④ 苏轼. 苏轼文集［M］. 孔凡礼，点校. 北京：中华书局，1986：2370.

现代医学研究证明，茶中含有咖啡因和茶碱，具有杀菌、解毒、解腻、助消化等诸多功效。饭后用茶水漱口，咖啡因可以醒神，茶碱起到清洁口腔、杀菌的作用。千年前苏轼以茶护齿，养生之法奇妙而自然地与现代医学对口腔卫生的要求形成了呼应。

（二）以蜂蜜养生

蜂蜜是一种天然食品，由蜜蜂采集植物蜜腺分泌的汁液酿成，味甜，所含单糖容易被人体吸收。现代医学认为，其有改善血液循环、补益肺气、润肠通便的效用。早在东周时期，人们已将蜂蜜用于食品，在汉代蜂蜜已成为普遍的饮品。蜂蜜用于医疗保健也已经有相当悠久的历史，关于蜂蜜的药用记载最早出现在《神农本草经》里，其将蜂蜜列（石蜜）为上品，认为“蜜味甘、平、无毒，主心腹邪气，诸惊痫痓，安五脏诸不足，益气补中，止痛，解毒，除众病，和百药，久服强志轻身，不饥不老，延年神仙”① 的功效。苏轼除了爱喝茶，还爱吃蜂蜜，甚至谈得上酷爱，他在《书食蜜》一文中记载了食用蜂蜜的习惯：“予少嗜甘，日食蜜五合，尝谓以蜜煎糖而食之可也”②，又说“吾好食姜蜜汤，甘芳滑辣，使人意快而神清”③。在《安州老人食蜜歌》中则有“蜜中有药治百疾”。在苏轼看来，蜂蜜不仅可以使人神清意爽，而且还有疗病之效。

（三）以酒养生

古人说的酒一般是指低浓度的米酒、黄酒等酒类。《本草纲目》记载，南朝梁时期，山中宰相陶弘景关于酒的药用价值有“大寒凝海，惟酒不冰，明其热性，独冠群物，药家多须以行其势”；元代《饮膳正要》记载“酒，味苦甘辛，大热，有毒；主行药势，杀百邪，去恶气，通血脉，厚肠胃，润肌肤，消忧愁”，《本草纲目》又记载酒能“行药势，杀百邪恶毒气，通血脉，厚肠胃，润皮肤，散温气，消忧发怒，宣言畅意，养脾气，扶肝，除风下气，解马肉、桐油毒，丹石发动诸病，热饮之甚良”。这些记载都肯定了酒的药用价值，认为饮酒可以起到疏通经络的作用，作为药引，酒还有增强药效的作用。中国人饮药酒历史可以追溯到夏代。

苏轼的作品显示他曾酿过蜜酒、桂酒、真一酒、天门冬酒多种酒。虽然酒量不佳，但是对于酒的养生保健作用认识却殊为深刻。王巩曾因与苏轼交好被贬宾州，苏轼曾多次写信给王巩表达自己的内疚与关心。在《与王定国十五首》中，苏轼叮嘱王巩“每日饮少酒，调节饮食，常令胃气壮健”④。

他在《桂酒颂》序文中提到自酿桂酒的养生作用：

《本草》：桂有小毒，而菌桂、牡桂皆无毒，大略皆主温中，利肝腑气，杀三

---

① 陈修园. 神农本草经读［M］. 福州：福建科技出版社，2019：43.
② 苏轼. 苏轼文集［M］. 孔凡礼，点校. 北京：中华书局，1986：2591.
③ 苏轼. 苏轼文集［M］. 孔凡礼，点校. 北京：中华书局，1986：2591.
④ 苏轼. 苏轼文集［M］. 孔凡礼，点校. 北京：中华书局，1986：1514.

虫，轻身坚骨，养神发色，使常如童子，疗心腹冷疾，为百药先……吾谪居海上，法当数饮酒以御瘴，而岭南无酒禁（不禁止酿酒）。有隐者以桂酒方授吾，酿成而玉色，香味超然，非人间物也[①]。

苏轼所酿造的桂酒在今天看来是由木桂、菌桂、牡桂等浸制而成的药酒。木桂、菌桂、牡桂均为传统中药材，具有温中、利肝、强健骨骼、调养心神的作用。

（四）以药草养生

杞菊为传统中药材枸杞和菊花的合称，二者均有滋肾、养肝明目的功效。苏轼一生中有多次采食杞菊的经历，一方面是充饥，另一方面是为养生延年。苏轼任密州知州时，密州连续三年遭遇蝗灾，粮食收成不佳，作为一州守官的苏轼有时候也要挖野草来充饥。他在《后杞菊赋》序中提道，“及移守胶西，意且一饱，而斋厨索然，不堪其忧。日与通守刘君廷式，循古城废圃，求杞菊食之”[②]，为求一饱，他与通判刘廷式沿着古城墙或废弃的园圃寻找枸杞和菊花。他在《超然台记》中写“斋厨索然，日食杞菊”，一年下来面腴体丰，花白的头发也变黑了。苏轼大概由此认识到杞菊的药用功能。《后杞菊赋》正文记载：“吾方以杞为粮，以菊为糗。春食苗，夏食叶，秋食花实而冬食根，庶几乎西河、南阳之寿”[③]，借“西河、南阳之寿”用子夏长寿与南阳郦县饮甘谷水长寿的典故，来抒发长寿之愿。

（五）以粥养生

清代李渔在《闲情偶寄》中说：“食之养人，全赖五谷。”五谷最为养人，在古人看来，食用五谷做成的羹粥是重要的养生方法之一。他又说：“粥饭二物，为家常日用之需，其中机彀，无人不晓。”实际上，处于饮食巅峰的宋代人也早已知晓。

南宋费衮《梁嵠漫志》引张文潜《粥记》记载“后又见东坡一帖云：夜坐饥甚，吴子野劝食白粥，云能推陈致新，利膈养胃，僧家五更食粥，良有以也。粥既快美，粥后一觉，尤不可说，尤不可说”。留下了苏轼关于粥的食疗效用的记载。

《记养黄中》中，苏轼还曾创制薤姜蜜粥。黄中，土色为黄，在五行方位里为中位，在人体脏腑中对应脾，脾为人体中州，养黄中即养脾胃。苏轼创制的薤姜蜜粥的做法是先以大米熬粥，然后加入藠头和姜继续熬制，粥成加入蜂蜜，此粥具有健脾和胃、促进消化、增进食欲的效果。

苏轼还曾在诗中劝导他人养生，“狂吟醉舞知无益，粟饭藜羹问养神”（《送乔仝寄贺君六首并叙（其六）》）[④]，即劝人少喝酒，多吃五谷杂粮与粥羹来养生。

---

① 苏轼．苏轼文集［M］．孔凡礼，点校．北京：中华书局，1986：593．
② 苏轼．苏轼文集［M］．孔凡礼，点校．北京：中华书局，1986：4.
③ 苏轼．苏轼文集［M］．孔凡礼，点校．北京：中华书局，1986：4.
④ 苏轼．苏轼诗集合注［M］．上海：上海古籍出版社，2001：1474.

（六）以香辛料养生

姜既是中国古代烹饪和食品加工的重要调味品，又可以入药。中国在不晚于春秋时代已经开始栽培姜。关于姜养生价值的记载有很多。北宋唐慎微《证类本草》记载“姜味辛，微温，主伤寒，头痛，鼻塞，咳逆上气，止呕吐，久服去臭气，通神明”，唐代陈藏器《本草拾遗》里讲“姜汁解毒药，破血调中，去冷除痰开胃”，金代张元素《珍珠囊》里说姜能“益脾胃，散风寒”，北宋王安石在《字说》中说“姜能疆御百邪，故谓之姜”。

苏轼爱吃姜。黄庭坚《次韵子瞻春菜》记载了苏轼做酸菜汤用姜来调味，苏轼自己的《煮鱼法》也记载了煮鱼过程中用生姜来给鱼去腥调味。他还曾学习制作姜乳蒸饼：用过滤后的姜汁制成姜乳，然后用姜乳蒸饼或混入米饭，做成梧桐子大小的丸药，每日以米汤或酒送服十数粒，以达到“健脾温肾，活血益气”的功效。

苏轼《服胡麻赋》里指出：“茯苓燥，当杂胡麻食之。”胡麻，即芝麻。《神农本草经》中记载胡麻“味甘，平。主伤中虚羸，补五内，益气力，长肌肉，填髓脑。久服，轻身，不老”①。

第三节　自耕自乐，疗饥养性

耕读生活早期作为文人的一种理想，起源于隐逸，是儒家“退则独善其身”和道家“复归返自然”的体现，在中国传统的文化中有着很高的道德价值，意味着高尚、超脱，也是古代士人阶层对陶情冶性的寄托。“猛志逸四海，骞翮思远翥”的陶渊明，在五进五出官场后，终归诗酒田园，安享天然。“晨兴理荒秽，带月荷锄归。道狭草木长，夕露沾我衣”般勤劳的陶渊明，虽然只得一个“草盛豆苗稀”的结果，也甘于躬耕田园。困穷，但随心。苏轼与陶渊明不同，苏轼种地，是迫于无奈。苏轼因“乌台诗案”被贬，授职水部员外郎、充黄州团练副使，本州安置，不得签书公事。苏轼在到达黄州两年后，日子过得一天比一天贫困，七品散官没有俸禄，只发少量的实物来折抵俸禄。一家老小二十多口需要生活，好友马正卿同情苏轼，向黄州太守徐君猷申请了黄州城东一处废弃兵营给苏轼耕种，以帮他缓解贫困。苏轼是陶渊明的忠实仰慕者，他在元丰五年春写的《江城子》中有“ 梦中了了醉中醒。只渊明，是前生。走遍人间，依旧却躬耕”②，这跨越时空的精神交流让苏轼从低沉转向了疏朗开阔。陶渊明写“衣食当须纪，力耕不吾欺”，苏轼也脱去了士人的长袍方巾，早出晚归，劳作田间，开始了自力更生的农夫生活。他还把他的日常耕作生活都告诉他的朋友，跟平仲说“去年东坡拾瓦砾，

① 陈修园. 神农本草经读［M］. 福州：福建科技出版社，2019：25.

② 苏轼，邹同庆，王宗堂. 苏轼词编年校注［M］. 北京：中华书局，2007：352.

自种黄桑三百尺”[1]（《次韵孔毅父久旱已而甚雨三首（其一）》）；劳而有获，心中欢喜，对章惇言“仆居东坡，作陂种稻。有田五十亩，身耕妻蚕，聊以卒岁[2]（《与章子厚》）。苏轼作为一个读书人、文化人，田耕野作非其所长，他在《东坡八首》中说“地既久荒，为茨棘瓦砾之场，而岁又大旱，垦辟之劳，筋力殆尽”，种地很辛苦，又遇到旱灾，精力殆尽的苏轼感叹“废垒无人顾，颓垣满蓬蒿。谁能捐筋力，岁晚不偿劳。独有孤旅人，天穷无所逃。端来拾瓦砾，岁旱土不膏。崎岖草棘中，欲刮一寸毛。喟然释耒叹，我廪何时高”[3]，并调侃自己是个冒牌的陶渊明，想为自己取号为“鏖糟陂里陶靖节”，后因耕种之地在黄州属于坡地，且仰慕异代知己白居易，效其忠州东坡风流而以“东坡居士”自号。

垦辟荒地艰难，但并没有难倒苏轼。对农事不在行，就虚心向黄州农人请教，并很快掌握了一些耕种方法。《东坡八首（其五）》记载了苏轼请教老农的收获：

> 良农惜地力，幸此十年荒。桑柘未及成，一麦庶可望。投种未逾月，覆块已苍苍。农夫告我言：勿使苗叶昌。君欲富饼饵，要须纵牛羊。再拜谢苦言，得饱不敢忘。[4]

通过向农人请教，苏轼的劳作获得成功，他将这种成功欣喜地记载下来：“今年东坡收大麦二十余石”，并苦中作乐制成了“二红饭”。

在躬耕过程中，苏轼注意观察庄稼的生长：“雪芽何时动，春鸠行可脍”，“种稻清明前，乐事我能数。毛空暗春泽，针水闻好语。分秧及初夏，渐喜风叶举。月明看露上，一一珠垂缕。秋来霜穗重，颠倒相撑拄。”[5]（《东坡八首》）苏轼的观察细致入微，耕种随令，俨然已是真正的农人了。

据记载，苏轼在黄州、惠州、儋州的事农生活包括种稻、种麦、养牛与种树。《与李公择十七首》一诗记载了他在黄州种稻的事：“某见在东坡，作陂种稻，劳苦之中，亦自有乐事。”[6]《与王定国》与《仇池笔记》记载了他在黄州种麦的事：“今岁旱，米贵甚。近日方得雨，日夜垦辟，欲种麦，虽劳苦却亦有味”[7]；“今年东坡收大麦二十余石”[8]。养牛之事则出现在《与王定国》和《与章子厚书》里：“近于侧左得荒地数十亩，买牛一具，躬耕其中”；“昨日一牛病几死。牛医不识其状，而老妻识之，曰：‘此

---

① 苏轼．苏轼诗集合注［M］．上海：上海古籍出版社，2001：1093．
② 苏轼．苏轼文集［M］．孔凡礼，点校．北京：中华书局，1986：1639．
③ 苏轼．苏轼诗集合注［M］．上海：上海古籍出版社，2001：1040．
④ 苏轼．苏轼诗集合注［M］．上海：上海古籍出版社，2001：1042．
⑤ 苏轼．苏轼诗集合注［M］．上海：上海古籍出版社，2001：1041．
⑥ 苏轼．苏轼文集［M］．孔凡礼，点校．北京：中华书局，1986：1499．
⑦ 苏轼．苏轼文集［M］．孔凡礼，点校．北京：中华书局，1986：1521．
⑧ 苏轼．苏轼文集［M］．孔凡礼，点校．北京：中华书局，1986：2380．

牛发豆斑疮也，法当以青蒿粥啖之。’用其言而效。勿谓仆谪居之后，一向便作村舍翁”。①

被贬惠州期间，苏轼虽然挂着宁远军节度副使的官衔，但是实际上是个虚职，同在黄州一样，无权签书公事，也几乎没有俸禄，连买粮菜的钱也经常捉襟见肘。惠州一位王姓参军同情苏轼，把自家闲置的地借给苏轼耕种。苏轼在《撷菜（并序）》中记载了借地种菜的事：

> 吾借王参军地种菜，不及半亩，而吾与过子终年饱菜，夜半饮醉，无以解酒，辄撷菜煮之。味含土膏，气饱风露，虽粱肉不能及也。人生须底物，而更贪耶？乃作四句。
>
> 秋来霜露满东园，芦菔生儿芥有孙。我与何曾同一饱，不知何苦食鸡豚。②

天性乐观幽默的苏轼把萝卜、芥菜的繁茂生动地比拟成一个大家庭，还得意地宣称自己种的菜足够父子俩一年到头吃不完，而且吃起来也不亚于鸡肉与猪肉。

《雨后行菜》也记载了苏轼种菜的事，意思是有一天晚上苏轼梦醒发现下大雨，马上想到自己种的菜一定会长得很快。天刚亮，他急忙就踩着泥泞湿路，跑到菜园里去看。然后发现菜圃里的菜经雨后都十分鲜嫩又鲜活，以至于他看着眼前的菜似乎看到了这些菜做成的美食，闻到了这些美食的香味。

> 梦回闻雨声，喜我菜甲长。平明江路湿，并岸飞两桨。天公真富有，乳膏泻黄壤。霜根一蕃滋，风叶渐俯仰。未任筐筥载，已作杯盘想。艰难生理窄，一味敢专飨。小摘饭山僧，清安寄真赏。芥蓝如菌蕈，脆美牙颊响。白菘类羔豚，冒土出蹯掌。谁能视火候，小灶当自养。③

苏轼在农事劳作中，收获了躬耕之乐，也享受了丰收的喜悦和生活的坦然：“东坡居士酒醉饭饱，倚于几上，白云左绕，清江右洄；重门洞开，林峦坌入。当是时，若有思而无所思，以受万物之备。”④（《书临皋亭》）然而困顿不已的苏轼并没有为一己之喜忘百姓之忧，自家的收获反而让他更关注雪灾造成的无食粮之人：“今年黄州大雪盈尺，吾方种麦东坡，得此固我所喜。但舍外无薪米者，亦为之耿耿不寐，悲夫。”⑤（《书雪》）他忧心着家无薪米的人，甚至为此夜不成寐。

成长于蜀中耕读之家，母亲从小的劳动教育一直影响着苏轼。苏轼向来以苦为乐，

---

① 苏轼．苏轼文集［M］．孔凡礼，点校．北京：中华书局，1986：1639.

② 苏轼．苏轼诗集合注［M］．上海：上海古籍出版社，2001：2087.

③ 苏轼．苏轼诗集合注［M］．上海：上海古籍出版社，2001：2050.

④ 苏轼．苏轼文集［M］．孔凡礼，点校．北京：中华书局，1986：2278.

⑤ 苏轼．苏轼文集［M］．孔凡礼，点校．北京：中华书局，1986：2258.

加上黄州与惠州逆境中的劳动历练，即使后来到了更加艰苦的儋州，乐天与自足也让他能从苦痛中咀嚼出甘甜。

苏东坡到儋州时，发现当地人懒于耕种，以过着“惊麏朝射，猛豨夜逐”的生活，大量的荒地无人开垦，百姓只能以薯芋杂米做粥充饥。苏轼写下《和陶劝农六首》，劝导百姓积极从事农业生产。在诗中，苏轼鼓励百姓们“利尔锄耜，好尔邻偶。斩艾蓬藋，南东其亩”①（《和陶劝农六首（其一）》），如能“听我苦言”，则会“其福永久”。

苏轼还大力进行“劝农”宣传，引导儋州百姓重视农业生产，谋求长远福利。苏轼不是站在局外开展劝农，而是切身实地践行与引导。到达儋州后，他向昌化军军使张中要了一廛地耕种，并表达了他想要自食其力的愿望：“不缘耕樵得，饱食殊少味。再拜请邦君，愿受一廛地。知非笑昨梦，食力免内愧。春秧几时花，夏稗忽已穟。怅焉抚耒耜，谁复识此意。”②（《籴米》）苏轼说如果不自己种庄稼，饱食终日也觉得没滋没味。他在自己的居所周围营造园圃，并创作《和陶西田获早稻》《和陶下潠田舍获》《和陶戴主簿》《和陶酬刘柴桑》和《和陶和胡西曹示顾贼曹》五首诗歌进行记录。他在《和陶丙辰岁八月中于下潠田舍获》中写道：

> 聚粪西垣下，凿泉东垣隈。劳辱何时休，宴安不可怀。天公岂相喜，雨霁与意谐。黄菘养土膏，老楮生树鸡。未忍便烹煮，绕观日百回。跨海得远信，冰盘鸣玉哀。茵陈点脍缕，照坐如花开。一与蜑叟醉，苍颜两摧颓。齿根日浮动，自与粱肉乖。食菜岂不足，呼儿拆鸡栖。③

在西墙下堆肥粪，在东墙下开凿泉井，在辛苦的劳作中忘记被贬之前酬酢频繁的生活。地中菜、树上菌，即便这样简单的蔬菜，也让苏轼相当满足，甚至考虑要将鸡窝拆掉，从此只吃蔬菜。

苏轼在儋州时还托人从中原地区带来了各种谷种，并且把中原的生产农具秧马推广给当地百姓使用。通过苏轼的劝导和亲身带领，儋州的农业不断发展，有的地区出现了“霜降稻实，千箱一轨……大作尔社，一醉醇美”④（《和陶劝农六首》其四）的百姓丰衣足食的景象。

苏轼爱喝茶，也学着种茶，为了获得茶树，元丰五年（1082）三月，他前去大冶桃花寺向长老求桃花茶栽于黄州东坡。得到茶树后，作《问大冶长老乞桃花茶栽东坡》记下“嗟我五亩园，桑麦苦蒙翳。不令寸地闲，更乞茶子蓺”⑤，并遥想“他年雪堂品，空记桃花裔”。绍圣三年（1096），苏轼还写过一首《种茶》，在茶树移栽中融入人生体

① 苏轼．苏轼诗集合注［M］．上海：上海古籍出版社，2001：2121.
② 苏轼．苏轼诗集合注［M］．上海：上海古籍出版社，2001：2132.
③ 苏轼．苏轼诗集合注［M］．上海：上海古籍出版社，2001：2167.
④ 苏轼．苏轼诗集合注［M］．上海：上海古籍出版社，2001：2121.
⑤ 苏轼．苏轼诗集合注［M］．上海：上海古籍出版社，2001：1089.

悟。诗云：

松间旅生茶，已与松俱瘦。茨棘尚未容，蒙翳争交构。天公所遗弃，百岁仍稚幼。紫笋虽不长，孤根乃独寿。称栽白鹤岭，土软春雨后。弥旬得连阴，似许晚遂茂。能忘流转苦，戢戢出鸟咮。未任供臼磨，且作资摘嗅。千团输太官，百饼衒私斗。何如此一啜，有味出吾囿。[①]

苏轼后来移植山间野茶树到自己惠州居所之内，见茶树见自己。环境恶劣又如何，孤独又如何，茶树依然可以顽强地活在天地之间。“紫笋”再多再名贵，也比不上啜一口自己种的茶。抛却政治纷扰，回归生活。看陶渊明笔下的“春水满四泽，夏云多奇峰。秋月扬明晖，冬岭秀孤松”，真可谓是“此中有真意”。这首种茶诗，形象地展现了苏轼逆境中的风骨。

苏轼喜欢吃柑橘，还种过橘树，甚至还嫁接过橘树。其《种橘帖》（《楚颂帖》）记载：

吾来阳羡，船入荆溪，意思豁然，如惬平生之欲。逝将归老，殆是前缘。王逸少云：“我卒当以乐死。”

殆非虚言。吾性好种植，能手自接果木，尤好栽橘。阳羡在洞庭上，柑橘栽至易得。当买一小园，种柑橘三百本。屈原作《橘颂》，吾园若成，当作一亭，名之曰“楚颂”。元丰七年十月二日。[②]

“好种植，能手自接果木，尤好栽橘”的苏轼甚至打算买一个小果园，种他三百株柑橘树，想要仿效《橘颂》建一座“楚颂亭”。“楚颂”的亭名里，寄寓着苏轼对屈原高洁品格的仰慕。屈原在《橘颂》里借物言志，赞扬橘意志专一，清醒独立，不随波逐流，谨慎自重，品行无私，借以表达自己追求美好品质和理想的坚定意志。苏轼十分仰慕屈原的高洁品格，写下“此事虽无凭，此意固已切。古人谁不死，何必较考折。名声实无穷，富贵亦暂热。大夫知此理，所以持死节”[③]（《屈原塔》），赞美屈原不苟求富贵而追求理想的节操，作“招君不归海水深，海鱼岂解哀忠直，吁嗟忠直死无人，可怜怀王西入秦”[④]（《竹枝歌》），赞扬屈原的竭忠尽智与正道直行，又在《屈原庙赋》中高度评价屈原的高洁情操，表达对屈原的景仰之情“吾岂不能高举而远游兮，又岂不能退默而深居？独嗷嗷其怨慕兮，恐君臣之愈疏。生既不能力争而强谏兮，死犹冀其感发而改

---

① 苏轼．苏轼诗集合注［M］．上海：上海古籍出版社，2001：2101－2102.

② 明拓楚颂贴，台北故宫博物院藏.

③ 苏轼．苏轼文集［M］．孔凡礼，点校．北京：中华书局，1986：25.

④ 苏轼．苏轼文集［M］．孔凡礼，点校．北京：中华书局，1986：28－29.

行。苟宗国之颠覆兮，吾亦独何爱于久生？”① 苏轼作于青年时期的这些作品，预示了他对未来人生道路的选择：如果自己遭遇屈原类似的状况，宁愿忍受孤寂凄冷也不愿苟同世俗。在《与李公择书》中大声喊出“吾侪虽老且穷，而道理贯心肝，忠义填骨髓，直须谈笑生死之际”②，像他的精神导师屈原一样，苏轼毕生坚持自己的忠直，忠于内心，忠于国家，直言进谏，即便经历三次贬谪，依然没有改变自己的坚守。

作为老饕，苏轼没有囿于珍稀美味，而是随缘自适，不择精细，躬身庖厨，将普通的蔬菜通过独特的烹调手段开发成美味，让食物从平淡果腹之物成为精致美食。作为一介文人，苏轼脱去长袍，摘下幞巾，洒下气力，得五谷而疗饥，也在耕种中发现着人生，体味着人生。

本章小结

本章主要从苏轼平淡饮食中探索苏轼的达观精神。三节内容分别从食材选择、食品制作及事农三方面展开论述，借助苏轼的诗文作品与后世研究或其他相关资料来探求苏轼在美食中展现的达观精神。

苏轼自喻“老饕”，但其半生都在颠沛流离中度过，常见的田间野菜、山间竹笋、江里游鱼、树上水果都是他的食材，有些食材如大麦、稻谷、蔬菜等是苏轼与家人亲手种植的。苏轼在制作美食中一方面寻找创制的乐趣，一方面注重食物的养生功效。苏轼的美食探索多与他的政治经历相关，尤其是三次贬谪的生活。从 1079 年到 1101 年，在谪居之地困顿的环境中，苏轼随缘自适，不择精细，利用常见食材创作出数种美食。苏轼在日常饮食中慢慢探求生活的至味，超越了探求食物本身，成了苏轼与世界的相处之道，在田园躬耕中坚守初心并获得了精神上的超脱。苏轼“苦中作乐”的一生是一首千古绝唱，前无古人，后无来者，给后人留下的精神财富是无与伦比的。一如林语堂在《苏东坡传》的评价：“他的肉体虽然会死，他的精神在下一辈子，则可成为天空的星，地上的河，可以闪亮照明，可以滋润营养，因而维持众生万物。”

【本章习题】

选择题（答案唯一）

1. 下列城市中，与苏轼“东坡居士”有关的城市是（　　）
   A. 眉山　　B. 黄州　　C. 杭州　　D. 惠州
2. 下列菜品中，由苏轼创制的是（　　）
   A. 西湖醋鱼　　B. 东坡肉　　C. 宫保鸡丁　　D. 鱼香肉丝

---

① 苏轼. 苏轼文集［M］. 孔凡礼，点校. 北京：中华书局，1986：2.
② 苏轼. 苏轼文集［M］. 孔凡礼，点校. 北京：中华书局，1986：1500.

3. 苏轼描写吃橘子的感受的诗句是（　　）

A. 清泉蔌蔌先流齿，香雾霏霏欲噀人。

B. 似闻江鳐斫玉柱，更洗河豚烹腹腴。

C. 日啖荔枝三百颗，不辞长作岭南人。

D. 恣倾白蜜收五棱，细劚黄土栽三桠。

4. 下列食材中，（　　）不是苏轼用来养生的。

A. 酒　　B. 姜　　C. 蜂蜜　　D. 椰子

5. 下列诗作中（　　）没有展现苏轼困境中的达观精神。

A.《撷菜》　　B.《猪肉颂》

C.《屈原塔》　　D.《除夜，访子野食烧芋，戏作》

参考文献

［1］苏轼．苏轼诗集合注［M］．上海：上海古籍出版社，2001.

［2］苏轼．苏轼文集［M］．孔凡礼，点校．北京：中华书局，1986.

［3］苏轼，邹同庆，王宗堂．苏轼词编年校注［M］．北京：中华书局，2007.

［4］苏轼．东坡志林［M］．郑州：中州古籍出版社，2018.

［5］王仁湘．至味中国：饮食文化记忆（中华文脉：从中原到中国）［M］．郑州：河南科学技术出版社，2022.

［6］韩希明．杯盘碗盏溢诗情：宋代诗词里的饮食［M］．北京：北京联合出版有限公司，2022.

［7］俞为洁．杭州宋代食料史［M］．北京：社会科学文献出版社，2018.

［8］陈修园．神农本草经读［M］．福州：福建科技出版社，2019.

［9］黄庭坚．黄庭坚诗集注：第三册［M］．任渊，史容，史季温，注．刘尚荣，校点．北京：中华书局，2003.

［10］李一冰．苏东坡新传［M］．成都：四川人民出版社出版，2020

［11］洪亮．苏轼全传［M］．北京：北京联合出版有限公司，2023.

［12］王水照，崔铭．苏轼传［M］．北京：人民文学出版社，2019.

第四章　偶得酒中趣：快意东坡与美酒佳酿

【学习目标】

· **知识目标：**

了解苏轼饮酒、酿酒的历史文化背景；掌握苏轼经典涉酒诗文；理解苏轼饮酒、酿酒行为中体现出的积极人生态度。

· **能力目标：**

能赏析苏轼涉酒诗文，理解苏轼饮酒、酿酒体现的中国古代文人的人生观、价值观。

· **素养目标：**

树立正确的酒文化理念，自觉传承苏轼酒文化中的有益内容。

宋朝是中国封建社会发展较为繁荣的时期。这一时期国家内部政治局势相对稳定，百姓安居乐业，人丁兴盛，城市规模壮大，都市经济繁荣。随着生产力的发展，市民经济生活水平的提高，酒业得到了极大的发展，传统的酿酒技术得到改进，酒在数量和质量两方面都有了巨大的提升。酿酒规模不断扩大，酒肆林立，贵族、百姓畅饮不息，饮酒成为一时风气。宋代继承唐五代的榷酒政策，对酒类始终实行禁榷制度，酒的税收收入成为国家财政的重要来源之一，并为维护宋朝政治稳定提供了经济基础。承唐朝以来繁荣的酒文化，围绕着酒业的发展，宋朝的酒文化更为灿烂浓厚。文人、骚客、士大夫聚集宴飨，往往酒酣而后赋诗文，或颂太平盛世、宴觞欢乐，或诉生平志向，或歌山川花鸟。文人以酒入诗文，正是宋朝酒业繁荣的一种体现。在宋朝浓厚的酒文化氛围下，大文豪苏轼与酒也结下了不解之缘。

第一节　以酒会友，广结友朋

苏轼生于眉山，这是一个民风淳朴、风景秀丽的地方。对于家乡，他在《眉州远景楼记》里这样描绘：

七月既望，谷艾而草衰，则仆鼓决漏，取罚金与偿众之钱，买羊豕酒醴，以祀田祖，作乐饮食，醉饱而去，岁以为常。其风俗盖如此。[①]

说的是到了农历七月中旬丰收的时候，乡人就收了鼓和漏钟，拿出罚金和补偿众人的钱来买猪羊和酒醴祭祀田祖。乡人聚在一起快乐地喝酒吃肉，酒足饭饱才回到家里，年年风俗如此。由此段记录可见，秋收之后的豪饮已经成为当时乡里的一种传统，一种风气。饮食欢乐是乡民对自然回馈的感谢，也是对自身劳作辛苦的慰藉，体现着乡人朴实无华的自然观与人生观。生长于此的苏轼，从小受到乡中风俗的浸染，与酒结下了不解之缘。

苏轼少年时见乡间的秋收饮酒助乐，成年后却并不喜豪饮。尽管他在很多的诗文中都写到了酒及醉酒的形态，但他对饮酒并不擅长。苏轼有着自己的饮酒观。他好酒却有节制，不学魏晋名士醉酒后的放浪形骸；醉酒以道，追求的是飘然与万物为一体的超脱与豁达；饮酒养生，吸收和发扬的是中国悠久酒文化的精髓。这样的饮酒观投射到苏轼的人生中，便造就了其独特的饮酒特色。简而言之，苏轼饮酒有四点：第一，饮酒以礼，真诚相交；第二，饮酒相庆，与民同乐；第三，饮酒以达，仕途坎坷的疏解与超然；第四，饮酒为养，自我调适。

苏轼饮酒的这一行为，真正发生在步入仕途之后。苏轼生性豁达，至情至性，交友广泛，甚至在朝堂上对峙抨击的政敌都可以成为他的朋友。友人相聚免不了宴觞欢乐，席间觥筹交错，酒自然成为助兴的好帮手。

苏轼在朋友来时以酒相迎，朋友走时以酒相送，与邻人相处时互赠好酒，朋友彼此失落时又以酒相慰。在他看来，与友人饮酒是坦诚相交的体现，也是联系友情的纽带，同时体现着他与人交往的真情与广阔胸怀。

一、志趣相投，宴觞之乐

中国的宴席自古“无酒不成席”，酒是宴会的主角。人们认为，在酒精的作用下，人能够脱下虚假的面纱，呈现出最本质纯真的状态，也就是我们常说的“本真”。

嘉祐二年（1057），苏轼与弟弟苏辙同榜考中进士，一时名动京城。在经历母丧守孝后，苏轼应中制科入第三等，正式步入仕途，成为北宋政坛上的一颗新星。无论是在朝为官还是在地方为官，苏轼的杰出文采和超然的人格魅力都受到多方青睐，当时的人都以能与苏轼结交为荣。生性豁达的苏轼也很喜欢与友人聚在一起饮酒畅谈，顺理成章地成为许多宴席的座上之宾。文人聚会，免不了要作诗以助酒兴，苏轼在与友人宴会的过程中写下了不少唱和之作，其中不乏名篇名句。如《采桑子·润州多景楼与孙巨源相遇》：

---

① 曾枣庄，舒大刚. 苏东坡全集·文集：卷五十八［M］. 北京：中华书局，2009：1522.

多情多感仍多病，多景楼中。尊酒相逢。乐事回头一笑空。

停杯且听琵琶语，细捻轻拢。醉脸春融。斜照江天一抹红。①

词作完成于熙宁七年（1074）苏轼由杭州通判升密州知州的路上。在润州，苏轼与友人孙巨源（孙洙）相遇，再约上王正仲（王存），三人集会于甘露寺多景楼中。席间觥筹交错，酒酣的孙巨源指着斜阳残照的美景请求苏轼填词，苏轼欣然应允，于是便有了这首名篇。在这首词中，醉酒后的苏轼直抒胸臆，上阕率真地将自己政途上的失意落寞之情展示给友人，并感叹与友人相聚畅饮的乐事在集会后也将消失不再。下阕由事入情，描写席间的细节，最后以景结尾，寓情于景。全词情真意切，悲凉哀婉。在酒精的催化下，在友人的陪伴下，苏轼以词寄情，将自己最真实的情绪毫不掩饰地表达出来，展现了其与人交往的赤诚人格。

朋友相邀，苏轼从不轻易拒绝，总是欣然赴约。同样，苏轼兴之所至，也会热情邀请好友到自己府上饮酒欢宴。元祐七年（1092），苏轼知守颍州时，一年春夜，堂前梅花大开，月色鲜霁。王夫人便劝苏轼“何不邀几个朋友来，饮此花下”。夫人的话与苏轼当下所想不谋而合，于是便高兴地邀来赵德麟等几位朋友，在梅花树下饮酒赏月。大家花前赏月，把酒畅谈，赋诗填词，相同的志趣成就了文人的雅趣，给苏轼带来了精神上的闲适。

苏轼平日与友人聚会饮酒，从不以年龄、身份为限。有时席间嫌友人喝酒不尽兴，他还常常写诗作词劝人喝酒。一次，苏轼在赴知州的途中路过吴兴，因缘际会参与了任湖州知州李常（字公择）的洗儿宴，席间热闹非凡，苏轼高兴地写了一首《南乡子·席上劝李公择酒》来劝李常喝酒，酒酣之余还附赠一首趣词《减字木兰花》（惟熊佳梦）来调侃李常。朋友间因其中一人不饮酒而让他人扫兴不作诗，苏轼也要出来打圆场，以自己的经历来劝酒。《叔弼云履常不饮故不作诗劝履常饮》一诗便是如此。

我本畏酒人，临觞未尝诉。平生坐诗穷，得句忍不吐。

吐酒茹好诗，肝胃生滓污。用此较得丧，天岂不足付。

吾侪非二物，岁月谁与度。悄然得长愁，为计已大误。

二欧非无诗，恨子不饮故。强为酹一酌，将非作愁具。

成言如皎日，援笔当自赋。他年五君咏，山王一时数。②

诗歌写于苏轼在颍州与几位好友一起喝酒的席间。书弼是欧阳修第三子欧阳棐（字书弼），履常则是时任颍州州学的陈师道（字履常）。从诗题中可知，苏轼与一众好友聚饮，席上大家轮流作诗助兴。轮到欧阳棐作诗了，他却说陈师道没有喝酒，他便不作

---

① 曾枣庄，舒大刚．苏东坡全集·词集：卷八［M］．北京：中华书局，2021：974.

② 曾枣庄，舒大刚．苏东坡全集·诗集：卷三十四［M］．北京：中华书局，2021：614.

诗。话里话外，是对好友陈师道不喝酒的调侃。于是，苏轼写下这首诗来劝同为好友的陈师道饮酒，诗中说自己本来是怕喝酒的人，但喝酒时从来不说（自己不善饮酒）；平时虽因作诗而引祸，但有好句子也会忍不住倾吐；酒和诗都是自己生活中缺一不可的，如果吐掉酒仅琢磨诗句的话，身体也会感到不适；以此比较下来，为何不喝一杯以助诗兴呢？

二、坦荡真诚，君子之交

苏轼因杰出的文风与爽直赤诚的个性，一生中交往的朋友不下千余人。“乌台诗案”时，苏轼命悬一线，朝廷不仅处罚了苏轼，还牵连了二十多人，这些人包括他的恩师、同僚和给他通风报信而被削去了一切职务爵位的驸马王诜。在苏轼的三次贬谪里，与其关系密切的人都受到了不同程度的处罚。

即便如此，苏轼的身边也一直有着坚定的守护者：生死相随的穷士马正卿，步行千里来看望的同乡曹谷，厚待关怀的黄州知州陈轼、徐大受、杨寀，惠州知州詹范、方子容，海南昌化军使张中……他们在苏轼的贬谪生涯里给予苏轼无私的帮助，带给苏轼温暖。他们对苏轼的真情是苏轼坦荡真诚、与人为善、“眼中天下无一个不是好人”美好品性的反映。

（一）穷士马正卿

嘉祐五年（1060），苏轼认识了京城太学的穷士马正卿。马正卿，字梦得，与苏轼同年。苏轼在《马正卿守节》这样写道：

> 杞人马正卿作太学正，清苦有气节，学生既不喜，博士亦忌之。余少时偶至其斋中，书杜子美《秋雨叹》一篇壁上，初无意也，而正卿即日辞归，不复出。至今，白首穷饿，守节如故。正卿，字梦得。①

受苏轼在斋中的题诗激发，马正卿当即辞了学官，决意跟随苏轼，这一跟就跟了20年。后来苏轼在黄州谪居，他仍跟随左右。元丰四年（1081），谪居黄州的苏轼将自己希望有一块土地的愿望告诉了马正卿，热情的马正卿想方设法，跑了很多官府部门，终于为苏轼申请下来一块荒废已久的土地，也就是后来的“东坡”。苏轼深感朋友之情，以东坡为题，一口气写了八首组诗，最后一首专门写马正卿。此后，又热情邀请马正卿在黄州东禅院喝酒，酒酣之余，苏轼颂孟东野诗“我亦不笑原宪贫”时，想到自己的处境与眼前穷朋友马正卿，不禁哑然失笑：他和马正卿两个“穷士”，谁又比谁更穷呢？“患难见真情，日久见人心”，在酒精催化下的苏轼颇受马正卿一路追随的感动，奋笔书

① 曾枣庄，舒大刚．苏东坡全集·东坡先生志林：卷一百二十［M］．北京：中华书局，2021：4009.

写孟郊的《伤时》诗赠予马正卿。哲宗绍圣元年（1094）四月，59 岁的苏轼再遭政治挫折，被朝廷贬官英州（今广东英德）。苏轼路过雍丘，特意去找正在雍丘做县令的米芾，托他照顾自己的老朋友马正卿。马正卿的一路追随，也换来了苏轼的真诚以待。

（二）豪士陈季常

苏轼贬谪黄州时，还有一位“铁杆朋友”陈慥（字季常，号方山子），他是苏轼同乡，也是苏轼的患难之交，在苏轼最为落魄的时候给予了他温暖的帮助。陈慥是苏轼在凤翔任判官时上司陈太守（陈希亮）的儿子，也是在那时与苏轼相识，两人曾“马上论用兵及古今成败”（苏轼《方山子传》）。当时苏轼年轻气盛，与武将出身的陈太守互看不上，产生矛盾。苏轼逮着陈太守让他为自己建造的凌虚台写记的机会，在文章里嘲讽陈太守，并畅想凌虚台将来坍塌毁坏的样子。没想到，陈希亮不以为忤，对此文一字不改，照原作刻在石碑上，其心胸可见一斑。苏轼后来也为此事心生愧意。苏轼 44 岁那年，居心险恶的政敌把他贬谪到了黄州，幻想着陈慥会“为父报仇”。但陈慥却是一个侠肝义胆之人，他好饮酒骑马，击剑打猎，早已将同样好酒坦诚的苏轼当作自己的好友。苏轼到了黄州后，生活困难，不得不像农夫一样打井、建鱼池、耕作。四年内，陈慥去苏轼家七次，苏轼去拜访陈慥三次，每次都会在对方家住上十天半月。两人在一起饮酒作诗，谈论佛法，阔谈今古，抚琴高歌，毫不避嫌。有一次，苏轼去探望陈慥，两人同处一室喝酒聊天，醉酒的陈慥谈兴愈浓，到深夜还不自知。这让陈慥的妻子非常生气，隔着墙大吼一声，吓得陈慥拄杖应声而落，免不了被苏轼一番嘲笑，于是在《寄吴德仁兼简陈季常》的诗中便有了这样的四句：“龙丘居士亦可怜，谈空说有夜不眠。忽闻河东狮子吼，拄杖落手心茫然。”“河东狮吼”的典故由此而来。

可以说，苏轼在黄州时陈慥给他提供了温暖的友情和无私的物质帮助。后来苏轼被赦离开黄州，一众送行人中陈慥一送再送，从湖北一路送到了江西九江。1094 年，苏轼再次被贬惠州时，陈慥担心苏轼在惠州的生活，专门写信给苏轼，信中说自己决心步行去惠州探望陪伴。歧亭到惠州上千里之远，苏轼出于对老朋友的担心，赶紧回信加以劝阻。

君子之交淡如水，感情却比酒更浓。苏轼与陈慥如此，与其他知己好友更是如此。苏轼在黄州，结识了一批又一批的朋友，他们时常聚会喝酒品茗，在诸多方面帮助苏轼渡过难关，还成就了苏轼人生与创作的飞跃，写下了著名的两词（《念奴娇・赤壁怀古》《定风波・莫听穿林打叶声》）、二赋（前后《赤壁赋》）、一帖（《黄州寒食诗帖》）。

三、亲民爱民，百姓之友

苏轼为官一生，三起三落，任过凤翔签判、开封府推官、杭州通判；先后知密州、徐州、湖州、杭州、颍州、扬州、定州；贬谪流放黄州、惠州、儋州，足迹遍布大半个中国。尽管仕途坎坷，但他所到之处都想方设法为民解忧，与民谋利，也因此深受百姓

喜爱与敬仰。在苏轼心中，百姓是立国之本。苏轼为百姓做好事、做实事，同时，也从百姓那里获得帮助，学习酿酒经验。酒让百姓了解苏轼，也让苏轼深入百姓，酒促进了他与百姓的沟通。

“以民为本”是苏轼为官一生秉承的理念，这一理念早在他幼年便已建立。苏辙在《东坡先生墓志铭》里回顾哥哥一生时提到苏轼从小便“奋厉有当世志”。此后，无论是身居庙堂高位，还是身处偏远地方，苏轼始终心怀天下，关注民生。当看到新党激进的改革措施让百姓苦不堪言时，苏轼不避锋芒，直言进谏，因此获罪遭受贬谪；旧党得势，全盘否定新党措施时，苏轼又站出来谏言新党利民的措施不应废除，引起旧党不满。苏轼为官的“直爽”显然在朝廷看来是“不合时宜”的，但这正是他始终关注百姓生活，把百姓的疾苦放在首位的体现。他关注民生，百姓疾苦他感同身受，写出悲悯农妇的《吴中田妇叹》和数十篇“民本”文论及奏章；他体恤百姓，在王安石变法推行中给予百姓便利；他与民谋利，为官所到之处都劝耕促织、减役丰财，促进百姓生产；他爱护百姓，在杭州帮助百姓疏通运河淤泥，在徐州身先士卒抵抗滔滔洪水；他更尊敬百姓，不摆官威，与民同乐，向百姓学习。苏轼“忧民”“爱民”“恤民”“亲民”的为官之道也让他成为百姓心中的好官，千百年来为人称道。

（一）仁为己任

苏轼在徐州任太守时，作为一方长官，他不摆架子，平易近人。一日政务之余，苏轼与友人喝酒后登云龙山，醉倒在一块大岩石上，百姓见状哈哈大笑。苏轼酒后的不拘小节让老百姓发现新来的太守与往常的不同，毫无架子。但真正让老百姓爱戴苏轼的，还是苏轼“忧民之忧，乐民之乐”的高尚品质。

1077 年秋，徐州城遭遇洪水，形势严峻，上任不久的苏轼临危不乱，身先士卒，一面劝说想要弃城而逃的富民，一面前往军营请求支援，在洪水的危机中始终驻扎城头与军民同进退。在他的领导下，徐州军民很快组成了抗洪保卫联盟，大家众志成城，历经千辛终于保下徐州城。在抗洪胜利后，苏轼还向朝廷申请赈灾物资，并加固城池以防后患。第二年，苏轼在黄楼摆酒设宴，全城百姓纷纷前来庆贺。此时，官民之间再无隔阂，大家举杯欢庆，喜极而泣。这是徐州全城人民的喜宴。有感抗洪的经历，苏轼于次年写下诗篇《九日黄楼作》：

去年重阳不可说，南城夜半千沤发。
水穿城下作雷鸣，泥满城头飞雨滑。
黄花白酒无人问，日暮归来洗靴袜。
岂知还复有今年，把盏对花容一呷。
莫嫌酒薄红粉陋，终胜泥中千柄锸。
黄楼新成壁未干，清河已落霜初杀。
朝来白露如细雨，南山不见千寻刹。

楼前便作海茫茫，楼下空闻橹鸦轧。
薄寒中人老可畏，热酒浇肠气先压。
烟消日出见渔村，远水鳞鳞山齾齾。
诗人猛士杂龙虎，楚舞吴歌乱鹅鸭。
一杯相属君勿辞，此景何殊泛清霅。[①]

诗中描述了去年滔天洪水中，苏轼与一众军民共同抗洪的艰辛及抗洪胜利后军民在黄楼共祝佳节的喜悦场景。此刻，酒成为官民共历生死的见证，蕴含着官民血浓于水的情感，酒香情更浓。从此，苏轼“爱民如子”的事迹传为佳话，只要听到苏轼到此就职，民众无不奔走相告，庆幸百姓之福。

苏轼在徐州任职期间，恰逢徐州的多事之秋。洪灾过去的次年春天，徐州城又遭遇大旱，苏轼听从百姓劝告，前往城东石潭求雨，又因地制宜查看水源，修建蓄水池。多番奔波中，苏轼看到了徐州农民的生活，又写下《浣溪沙》五词，《浣溪沙》（簌簌衣巾落枣花）为其四：

簌簌衣巾落枣花，村南村北响缲车，牛衣古柳卖黄瓜。
酒困路长惟欲睡，日高人渴漫思茶。敲门试问野人家。[②]

在求雨还愿的奔波中，稍显疲惫的苏轼借酒舒缓，酒醒后口渴又跑去农家向人求茶喝。作为地方官，他亲自敲门求茶，谦和有礼又平易近人。

（二）百姓之友

苏轼爱民如子，百姓也爱戴苏轼。苏轼政治上受到打击，被贬偏远极穷之地，过着贫困、窘迫的生活，除了有知心朋友的帮助，当地百姓也给予了苏轼温暖。苏轼从百姓那里学习耕种，制作美食，甚至讨教酿酒之法。可以说，苏轼绝大部分自酿的酒，其酿酒经验都是从百姓那里获得的。

苏轼谪居黄州，在耕种五十多亩坡地的同时还养了很多蜜蜂，收获了不少蜂糖。当时苏轼正苦于官酒又贵又难喝，恰逢西蜀云游道士杨世昌来看望他。杨世昌擅长酿造养生白酒，于是苏轼向他讨教蜜酒的酿造。热心的道士杨世昌给了苏轼酿酒方子和酒曲，并在苏轼多次试验中给予帮助。在杨世昌的帮助下，苏轼终于酿制出色彩金黄、清甜可口的养生滋补蜜酒。

后来，苏轼被贬至更远的岭南，还被赶出官舍，过着“食无肉，病无药，居无室，出无友，冬无炭，夏无寒泉”的生活。在当地好友和惠州百姓的帮助下，苏轼才找到一

① 曾枣庄，舒大刚. 苏东坡全集·诗集：卷三十［M］. 北京：中华书局，2021：414.
② 曾枣庄，舒大刚. 苏东坡全集·词集：卷十一［M］. 北京：中华书局，2021：1004.

块地，在上面修筑了自己的白鹤峰新居。苏轼新居旁边是一位老妇人开的酒铺。当地人称老人为“林婆”。好酒的苏轼经常被林婆酒铺的酒香吸引跑去喝酒。林婆知道苏轼无酒资，热心的她常常赊酒给苏轼，感激的苏轼在《白鹤新居上梁文》中写道：“年丰米贱，林婆之酒可赊。”

最后被贬至儋州时，当地的黎族人也很同情这位“天涯沦落人”，不仅帮助苏轼建起茅草屋“桄榔庵”，还常向这位老人敬酒。苏轼与黎民们饮酒长谈，不仅加深了与他们的感情，还极大地缓和了当地的汉黎矛盾。出于感激，苏轼抵儋后的第二年，儋耳人黎子云和知军使张中同载酒来访，要凑钱为苏轼造房子。苏轼欣然为新屋起名“载酒堂”，取《汉书·杨雄传》的“载酒问字”典故，并在此持卷讲授、宣扬文教，让乡民受惠，以此来感谢乡民对他的帮助。

四、生死相依，兄弟之谊

说到以酒会友，便不得不谈到与苏轼生死相依、彼此相知、终身信任的知己，这个人就是苏轼的同胞兄弟——苏辙（子由）。苏洵有子女 5 人，但多夭折，仅余苏轼、苏辙兄弟二人相依。他们一同学习，一同于私塾读书，一同随父进京赶考，又一同中举。在两人一生的经历中，无时无刻不存在着对方的身影。

《宋史·苏辙传》记载：“辙与兄轼进退出处，无不相同，患难之中，友爱弥笃，无少怨尤，近古罕见。”苏辙曾说：“昔余少年，从子瞻游，有山可登，有水可浮，子瞻未始不褰裳先之（提起衣裤先趟过去）。”（苏辙《武昌九曲亭记》）苏轼亦在写给好友李常的一首诗中说：“嗟余寡兄弟，四海一子由。”“少知子由，天资和且清。岂是吾兄弟，更是贤友生。”兄弟感情可见一斑。二人步入仕途后，各自于各地为官，开始了聚少离多的日子，但兄弟之间的书信诗文往来却从未间断。苏轼一生写了上千首诗词，仅以弟弟“子由”为题的诗词就超过百首。兄弟之间诗词唱和，留下了大量感人的篇目，在这些篇目中，往往都有酒的身影。听到弟弟辞官不就，苏轼便写“万事悠悠付杯酒”（《病中闻子由得告不赴商州》三首其一）宽慰弟弟。到了年末想起家乡春节习俗，又写《岁暮思归寄子由》（《馈岁》《守岁》《辞岁》）三首寄给弟弟表示思念之情。而苏轼的每一次酒后的写诗遥寄，弟弟苏辙也必回信以呼应。可以说，酒成为兄弟二人情感联系不可或缺的重要媒介。在兄弟饮酒吟诗唱和的篇章中，最著名的便是《水调歌头·明月几时有》：

（丙辰中秋，欢饮达旦，大醉，作此篇，兼怀子由。）

明月几时有？把酒问青天。不知天上宫阙，今夕是何年。我欲乘风归去，又恐琼楼玉宇，高处不胜寒。起舞弄清影，何似在人间。转朱阁，低绮户，照无眠。不应有恨，何事长向别时圆？人有悲欢离合，月有阴晴圆缺，此事古难全。但愿人长久，千里共婵娟。[1]

词作写于1076年中秋之夜，此时的苏轼因为反对王安石变法而外任为官，因想和同请外放济南的弟弟苏辙更近，自请东洲太守，不得，兄弟别离六载不得相见。中秋之夜与弟弟相隔两地的苏轼乘酒兴正酣，挥笔写下了这首千古名词，抒发对亲人无法相见的相思及对人生无常的宽慰。在苏轼写下这首词的第二年中秋，弟弟子由得与哥哥短暂相见，夜半欢饮酒酣之余，也写下一首《水调歌头・徐州中秋》回赠，词中写出与哥哥相见后交游的欢愉，更抒发了兄弟聚少离多、即将再次离别的痛苦。

《水调歌头・徐州中秋》（苏辙）

离别一何久，七度过中秋。去年东武今夕，明月不胜愁。岂意彭城山下，同泛清河古汴，船上载凉州。鼓吹助清赏，鸿雁起汀洲。

坐中客，翠羽帔，紫绮裘。素娥无赖，西去曾不为人留。今夜清樽对客，明夜孤帆水驿，依旧照离忧。但恐同王粲，相对永登楼。[2]

在两首词中，酒成了兄弟俩互诉衷情，表达思念的重要媒介。在酒的催发下，平日压抑在兄弟俩心中的离别、思念之情获得了更加深切的抒发，感人肺腑。

第二节　酒助诗文，述志遣怀

酒与诗歌是中国文学史上一个绕不开的话题。在诗歌产生的那一刻，便有了酒的身影。《诗经》有“我姑酌彼金罍（léi），维以不永怀”（《周南・卷耳》）的离思忧愁之托，有“我有旨酒，以燕乐嘉宾之心”的宾客之礼，有“湛湛露斯，匪阳不晞。厌厌夜饮，不醉无归”的宴饮之乐。《楚辞》中有屈原“瑶浆蜜勺，实羽觞些”“美人既醉，朱颜酡些”的怨讽和“众人皆醉我独醒，举世皆浊我独清”的坚定。汉高祖把酒高唱“安得猛士兮守四方”（《大风歌》），曹操临江吟诵“何以解忧，唯有杜康”（《短歌行》），刘伶“唯酒是务，焉知其余”的放浪形骸（《酒德颂》），陶渊明“杯尽壶自倾”的闲适自得，李白“天子呼来不上船，自称臣是酒中仙”的狂放潇洒，欧阳修“醉翁之意不在酒，在乎山水之间”的失意排遣，苏轼“明月几时有，把酒问青天”的豁达超脱等，诗歌发展的历程中，从来有酒相伴。诗与酒交汇，编织起中国悠长而灿烂的诗酒文化。

苏轼是一个至情至性之人，作为文人，他有着比一般人更加细腻的心思和丰富的感情。林语堂在《苏东坡传》原序中写道：“从他的笔端，我们能听到人类情感之弦的振

① 曾枣庄，舒大刚. 苏东坡全集・词集：卷二［M］. 北京：中华书局，2021：929.

② 苏辙. 栾城集［M］. 曾枣庄，马德富，校点. 上海：上海古籍出版社，1987.

动，有喜悦，有愉快，有梦幻的觉醒，有顺从的忍受。”苏轼一生仕宦不顺，几沉几浮，有着普通人无法感同身受的喜怒哀乐需要宣泄。苏轼找到了酒，酒成了他日常生活中形影不离的朋友，伴随他进行文学创作。在酒诗、酒词、酒文中，苏轼抒发慷慨报国、仁为己任的豪情壮志，排遣仕途跌宕、有言难尽的失意与苦闷。

一、建功立业、经时济世的壮志

苏轼从小随母程夫人学习，稍长又与弟弟受教于父亲苏洵，每日抄写《汉书》。自幼受到齐家治国、兼济天下的儒家精神濡染的苏轼，怀着积极济世之志，参与朝廷科考。他在制科考试中写下“始不自量，欲行其志”“敢以微躯，自今为许国之始”的报国理想。

苏轼的仕途并不平顺，在经历母丧、妻丧、父丧的 6 年时间里仕宦中断，还朝后遇上王安石计划变法。因不赞同王安石变法中的激进做法，苏轼慷慨陈词，因而受到新党的排挤，不得已自请外调到杭州。虽然离开了京城，但苏轼那颗心忧百姓、经时济世的初心却并未动摇，他将更多的时间放在了谨守职责、关注民情上。在杭州，苏轼领略到了不同的风土人情，对百姓的生活也有了更深刻的体会。

杭州自古风景秀丽，经济富庶。在通判任上，苏轼公务繁杂。但公事之余，苏轼与友人相邀游览名胜，赏秀丽美景，写下大量描写杭州美景的诗句，其中就包括著名的《饮湖上初晴后雨》二首及《六月二十七日望湖楼醉书》五首。

《饮湖上初晴后雨》其二

水光潋滟晴方好，山色空濛雨亦奇。
欲把西湖比西子，淡妆浓抹总相宜。[①]

这首诗被后人认为是古往今来描写西湖美景诗词中最好的一首。诗歌刻画了西湖的柔美与秀丽，体现了苏轼对杭州风土人情的喜爱。美酒醉人，美景更让人陶醉。酒成了苏轼抒发对美景的喜爱、与友人畅游内心喜悦的载体。苏轼对杭州的喜爱，并不仅仅表现在对美景的描绘上，更体现在他对杭州百姓民生的关注上。三年通判任上，他到杭州所属各县巡察民情；蝗灾时组织捕蝗，赈济灾民；除夕之夜，释放狱中因还不起青苗贷款而被关的底层人民；协助太守陈襄，疏浚百姓关心的民饮水——钱塘六井。他的每一个脚步，每一首描写美景的诗歌，都抒写了他对杭州百姓疾苦的关注。

杭州任满，苏轼先后移知密州、徐州、湖州太守。虽然他置身官场身不由己，提出的意见或被皇帝否掉，或被他党打压，一心为民却落得自顾不暇的境地，但此时的苏轼依旧对仕途充满希望，心态也是积极乐观的。虽知密州仅数月，但看到灾荒、盗贼双重

① 曾枣庄，舒大刚. 苏东坡全集·诗集：卷九［M］. 北京：中华书局，2021：182－183.

侵扰下“民不堪命”，苏轼涉险连续上书言事，并组织僚属灭蝗、治盗、兴修水利。

民生之外，还有军事。熙宁七年（1074）二月，辽挑起事端，胁迫北宋割让土地。熙宁八年（1075）冬，任密州知州第二年的苏轼开展了一场浩大的“出猎”，并写下著名的豪放词代表作《江神子·猎词》（又名《江城子·密州出猎》）：

老夫聊发少年狂，左牵黄，右擎苍，锦帽貂裘，千骑卷平冈。为报倾城随太守，亲射虎，看孙郎。

酒酣胸胆尚开张。鬓微霜，又何妨！持节云中，何日遣冯唐？会挽雕弓如满月，西北望，射天狼。[①]

太守立于马上，目光如炬，坚定地看向远方。身后是随猎的兵民，围猎队伍奔驰，浩浩荡荡，盛况空前。苏轼通过对围猎壮观场面的描写，抒发了自己慷慨报国、建功立业的豪迈气概和雄心壮志。本性旷达的苏轼，酒酣后豪气冲天，鬓发微霜而壮心未泯，洋溢着擒龙卧虎的无畏和自信，酒给了他“射天狼”的勇气和自信，也给了他少年时的不羁和狂放。

二、现实无常、郁结难舒的感叹

元丰二年（1079），“直言不讳”的苏轼终因“乌台诗案”被捕下狱。在生死未卜的一百三十天监禁中，苏轼身心都受到了不可磨灭的重创，最终由于神宗惜才之心及多方势力的营救，苏轼才免于一死。“乌台诗案”给了苏轼仕途生涯一次重击，让他看到了政治的险恶。遭受打击之后的很长时间里，苏轼都不敢提笔写下只言片语，只能将内心的悲苦与无奈寄寓杯酒之中，在醉酒的虚无世界中求得短暂平和。

初到黄州，苏轼被好心的陈太守暂时安置在定惠禅院。在定惠禅院，苏轼白日昏睡，夜晚出门散步。死里逃生的他内心十分痛苦，回顾半生，面对官场中的不如意，只能借酒消愁。月夜下，他提着空空的酒杯，对月独问：“清诗独吟还自和，白酒已尽谁能借”，感叹“饮中真味老更浓，醉里狂言醒可怕”（《定惠院寓居月夜偶出》）。心中郁结无处发泄，只能以孤鸿自托，在惊魂未定中写下“拣尽寒枝不肯栖，寂寞沙洲冷”（《卜算子·定惠院寓居作》）。同样是中秋节，《西江月·黄州中秋》里苏轼描写的被贬后远离亲人的节日显得落寞与孤单：

世事一场大梦，人生几度新凉？夜来风叶已鸣廊，看取眉头鬓上。

酒贱常愁客少，月明多被云妨。中秋谁与共孤光，把盏凄然北望。[②]

---

① 曾枣庄，舒大刚．苏东坡全集·词集：卷七［M］．北京：中华书局，2021：967.

② 曾枣庄，舒大刚．苏东坡全集·词集：卷三［M］．北京：中华书局，2021：938.

面对现实的打击，苏轼只能感叹“世事一场大梦”，纵有千般才能，依然会被埋没，不知何时才能回到亲人身边？这样的无奈与失望、孤独与烦闷，也只能在饮酒中寻求短暂的疏解了。

尽管因言获罪，但至情至性的苏轼终不能放弃作诗写词，这一时期的诗篇，许多都是酒后之作。苏轼在酒中寻找精神的慰藉，酒后倾吐内心的抑郁，或惶恐，或无奈，或悲伤，或沧桑，抑或有短暂的超脱。一首又一首酒后的诗词文作是苏轼遭遇政治打压，看尽世间冷暖，逼入绝境之后的宣泄、思考与超然。

三、人生如梦、及时行乐的旷达

中国自古以来不乏壮志难酬的文人墨客，他们的经典著作至今传唱不衰。但被百姓铭记，被后世文人赞颂的文人鲜有，苏轼便是寥寥几人中的一人。面对人生苦难，苏轼并未选择一味地逃避。尽管他彷徨过、愤懑过、痛苦过，但最终以坚韧的意志和超脱的心态去拥抱苦难，获得内心的顺适恬然，这种超然旷达的人生态度正是苏轼人格魅力所在。苏轼的超脱并不像诗仙李白那超然物外、翩然升仙般浪漫，也不像陶潜归隐躬耕、不问世事的洒脱，他的旷达是多样的。苏轼的旷达源于对生活的热爱，对百姓的关注和对儒释道人生哲学的融合与吸收。

苏轼对生活的热爱是刻于骨子里的。源于对生活的热爱，苏轼不论所到何地，身处何境，都能在身处的环境中发现生活中的美与乐，并将它们无限放大，让自己在其中获得身心的愉悦。青年时赴京赶考的路途中，父子三人阅尽沿岸秀美山水风光，在舟中赋诗唱和，在感叹山水之美、君子美德的诗歌中奔赴光明的前方。两次杭州为官，苏轼与友人登临古迹，泛舟湖上，醉谈欢乐，写下大量描绘杭州美景的诗词。哪怕是在多次被贬的生涯中，苏轼依旧能在恶劣的处境中发现生活的美，并加以创造成为新的生活乐趣。

在黄州，苏轼以犯官的身份领着微薄的俸禄，全家二十余口人生计成愁，怎么办？不怕！脱掉自己的长袍，穿上农夫的短衣，领着全家老小开垦“东坡”。粮食不够，就勒紧裤腰带，写下《节饮食说》，规定自己早晚只能喝一杯酒，吃一块肉，以达养生补气的功效。馋肉了，就买黄州最便宜的猪肉进行烹饪，成就如今的名菜“东坡肉”；买不起酒，就自学酿制蜜酒。一饭一肉一酒，捉襟见肘的生活愣是让苏轼过出了色彩，活出了潇洒。于是，那首直面风雨，在简朴中饱含深意的《定风波·莫听穿林打叶声》脱口而出，从此成为苏轼豪放词的经典代表作，在后人千百年的传诵中彰显词人直面人生风雨、迎头向上的豁达与潇洒。

又贬惠州，有了曾经在黄州的生活经历，苏轼显得从容不迫。暂居高级驿馆合江亭，隔江远眺，赏花观水，写下“三山咫尺不归去，一杯付与罗浮春”（《寓居合江楼》），被贬的忧愁便在一杯罗浮春酒中烟消云散。被赶至嘉祐寺，再次躬耕，自我陶醉在半亩菜田的收获之乐中，佐酒菜有了。岭南没有酒禁，家家户户皆有酿酒。在品尝多种当地美酒后，苏轼开始了酿酒的尝试。沉醉在亲酿乐趣中的苏轼，一口气酿造了罗浮春酒、桂酒、万户春酒、真一酒，还把自己的酿酒心得写成了《东坡酒经》《桂酒颂》和《真一酒法》，一不小心就把自己变成了行家。有菜有酒，更有当地特产——荔枝。这样美味的食物又怎能少了品尝呢？于是便有了苏轼"日啖荔枝三百颗，不辞长作岭南人"的深情告白。在他人眼中瘴气弥漫、偏僻荒凉的岭南，在苏轼的笔下却是那样生机勃勃有趣可爱。若没有苏轼那善于发现生活之美的眼睛和及时行乐的旷达，后人看到的无非是黯淡无光的惠州贬谪生活。反观此时的苏轼，哪里有"犯官"的落魄样子呢！

终贬儋州，这位历经万难、跋涉千里的老人，处境更加困顿。苏轼在儋州的第一年过得十分艰难，无酒无肉无友无室无药，恶劣的环境和内心的孤独几乎要带走这位年迈的老人。然而，始终保持对生活热爱、对百姓关注的苏轼再次走出了精神的困境，积极参与到当地百姓的生活中。尽管远渡儋州之初，弟弟苏辙千叮咛万嘱咐，劝因痔疮而痛苦的苏轼戒酒，但酒依然成为苏轼儋州生活中不可缺少的一部分。无论是友人千里迢迢送来的酒，还是当地黎民赠送的酒，都能为苏轼物质极其匮乏的生活带来希望与快乐。他在寒食节"携一瓢酒寻诸生"，在暮春"被酒独行"遍至"四黎之舍"，在冬至"与诸生饮"。很快，苏轼把儋州当作了自己的故乡，不仅与当地黎民建立了良好的关系，更在此地找到了不少志同道合的友人。儋州生活的第二年春节，即将走尽生命旅程的苏轼面对茫茫大海，在黎民的欢声笑语中，写下喜悦快乐的《减字木兰花·己卯儋耳春词》（又名《减字木兰花·立春》）：

> 春牛春杖，无限春风来海上。便丐春工，染得桃红似肉红。
> 春幡春胜，一阵春风吹酒醒。不似天涯，卷起杨花似雪花。[①]

面对命运的坎坷，年迈的苏轼依旧保持着坦然超脱的乐观心态，醉醒之间，抛却一切困苦、积郁、愤懑、不甘，得到的是"一笑人间今古"的超脱与豁达。

第三节 亲酿得趣，愉人乐己

苏轼虽无酒量，但好饮酒，乃至亲自酿酒。苏轼酿酒，究其原因，主要有三：一是出于现实因素的考虑，官酒价格高，无力购买以自酌和款待好友；二是用于养生，自己长期被贬于荒凉之地，需要适当的饮酒以抵御瘴毒；三是他对酿酒本身也充满着浓厚的兴趣，并在亲酿的过程中探求成酒之理。朋友、宾客、敬仰苏轼的人都知道他喜欢酒，因此经常给苏轼送酒喝，礼尚往来的苏轼也常常将自己亲酿的酒赠送给亲人和友朋。酿酒对苏轼而言，是一种寄情寓意的手段，是疏解郁结、让精神酣适愉悦的一种方式。

---

① 曾枣庄，舒大刚．苏东坡全集·词集：卷十［M］．北京：中华书局，2021：996．

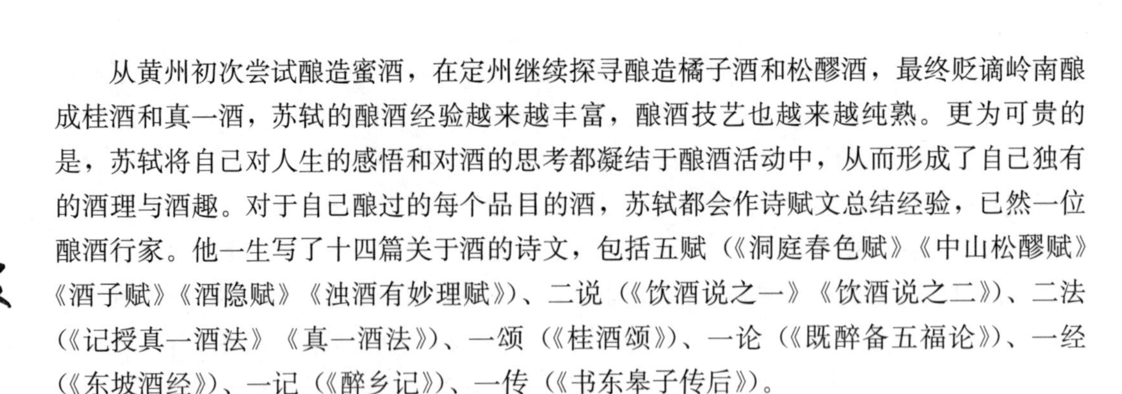

从黄州初次尝试酿造蜜酒，在定州继续探寻酿造橘子酒和松醪酒，最终贬谪岭南酿成桂酒和真一酒，苏轼的酿酒经验越来越丰富，酿酒技艺也越来越纯熟。更为可贵的是，苏轼将自己对人生的感悟和对酒的思考都凝结于酿酒活动中，从而形成了自己独有的酒理与酒趣。对于自己酿过的每个品目的酒，苏轼都会作诗赋文总结经验，已然一位酿酒行家。他一生写了十四篇关于酒的诗文，包括五赋（《洞庭春色赋》《中山松醪赋》《酒子赋》《酒隐赋》《浊酒有妙理赋》）、二说（《饮酒说之一》《饮酒说之二》）、二法（《记授真一酒法》《真一酒法》）、一颂（《桂酒颂》）、一论（《既醉备五福论》）、一经（《东坡酒经》）、一记（《醉乡记》）、一传（《书东皋子传后》）。

一、亲酿之始——黄州蜜酒

蜜酒作为蜜香型酒的代表，其蜜香幽雅，入口绵柔，落口爽洌。李时珍在《本草纲目》中明确蜂蜜酒有调理五脏、改善睡眠、延缓衰老、美容养颜等功效。贬谪黄州后，拥有酿酒方子和原材料的苏轼在友人杨世昌的帮助下最终酿出了蜜酒。这是苏轼首次尝试酿酒，他非常重视，还写了一首诗《蜜酒歌》来记录酿酒的过程：

> 真珠为浆玉为醴，六月田夫汗流泚。不如春瓮自生香，蜂为耕耘花作米。一日小沸鱼吐沫，二日眩转清光活。三日开瓮香满城，快泻银瓶不须拨。百钱一斗浓无声，甘露微浊醍醐清。君不见南园采花蜂似雨，天教酿酒醉先生。先生年来穷到骨，问人乞米何曾得。世间万事真悠悠，蜜蜂大胜监河侯。①

从诗中可以看出，蜜酒的原料为蜂蜜，整个制作过程需要三天，而这三天正是蜜酒的发酵过程。密封三天后便得到了香气扑鼻、色泽清淡的蜜酒。蜜酒酿成后，苏轼高兴地将其分享给亲人和朋友。一次，苏轼的两个侄子和侄女婿来黄州看望他，他拿出酿好蜜酒来招待，三位晚辈还因此作了唱颂之作送给苏轼，他也作了《答二犹子与王郎见和》唱和。然而作为苏轼首次酿酒的成果，蜜酒的制作并不成功。据宋人叶梦得《避暑录话》记载，苏轼在黄州酿的蜜酒，“饮者辄暴下”。结果是，亲戚朋友在喝了苏轼酿的蜜酒后，都纷纷拉起了肚子。第一次亲酿失败，对苏轼的酿酒热情打击较大，此后的较长一段时间里，苏轼再没有酿酒。他写下《饮酒论》，反思失败原因是“……麴既不佳，手诀亦疏谬，不甜而败，则苦硬不可向口”。感叹自己是什么事都做不成功的穷人，最后干脆说喝酒看重的是酒能醉人，酒本身是苦是甜又何必计较，我自己酿造的酒不一定要很好喝，即便客人不喜欢，我也管不着了。

① 曾枣庄，舒大刚. 苏东坡全集·诗集：卷二十一［M］. 北京：中华书局，2021：390.

二、渐入佳境——定州松醪酒

松醪酒产于河北定州，因定州为古中山国故地，因此苏轼称其为“中山松醪酒。”松醪酒古已有之，战国时期中山国王室已热衷于品饮松醪酒。此后历朝历代，松醪酒成为当地名酒，受到当地百姓的喜爱。苏东坡58岁时，出知定州，并在定州写下《中山松醪赋》记录自己酿造松醪酒的缘由与制作过程：

> 始于宵济于衡漳，车徒涉而夜号。燧松明而识浅，散星宿于亭皋。郁风中之香雾，若诉予以不遭。岂千岁之妙质，而死斤斧于鸿毛。效区区之寸明，曾何异于束蒿。烂文章之纠缠，惊节解而流膏。嗟构厦其已远，尚药石而可曹。收薄用于桑榆，制中山之松醪。救尔灰烬之中，免尔萤爝之劳。取通明于盘错，出肪泽于烹熬。与黍麦而皆熟，沸春声之嘈嘈。味甘余而小苦，叹幽姿之独高。知甘酸之易坏，笑凉州之蒲萄。似玉池之生肥，非内府之烝羔。酌以瘿藤之纹樽，荐以石蟹之霜螯。曾日饮之几何，觉天刑之可逃。投拄杖而起行，罢儿童之抑搔。望西山之咫尺，欲褰裳以游遨。跨超峰之奔鹿，接挂壁之飞猱。遂从此而入海，渺翻天之云涛。使夫嵇、阮之伦，与八仙之群豪。或骑麟而翳凤，争榼挈而瓢操。颠倒白纶巾，淋漓宫锦袍。追东坡而不可及，归哺歠其醨糟。漱松风于齿牙，犹足以赋《远游》而续《离骚》也。①

赋文的内容大致可分为三部分，第一部分讲解自己酿造松醪酒的缘由是不忍心有“千岁之妙质”的松“死斤斧于鸿毛”，于是“救尔灰烬之中，免尔萤爝之劳”。第二部分描写松醪酒的制作过程：从松枝上取下松脂熬煎，而后佐以小米、小麦封在酒坛中。最后描写松醪酒的功效和饮酒后的超然之感。苏轼从松枝身上看到了自己的影子，松枝挺拔正直，松脂清香幽远。正因为松的清高品格，酿造的松醪酒更具有其独特的魅力。松醪酒酿成之后，苏轼便到处送酒，还写诗邀请友人来定州品尝，颇为自得。

三、养生大成——桂酒、真一酒、天门冬酒

贬谪岭南的日子，是苏轼生命的最后时期，也是苏轼酿酒技术大成之时。惠州因瘴气弥漫，当地并不禁百姓私酿，为苏轼的亲酿提供了沃土。苏轼来到惠州，受到了当地百姓的热烈欢迎，大家携肉提盏迎接这位“犯官”，让遭受政治打压的苏轼倍受感动。遍尝了百姓家家户户的自酿酒后，苏轼再次开始亲酿。他向当地人学习酿酒知识，并进行改进，先后酿成桂酒、真一酒、天门冬酒等。

---

① 曾枣庄，舒大刚. 苏东坡全集·文集：卷一［M］. 北京：中华书局，2021：1087.

（一）桂酒

桂酒即用玉桂浸制的美酒。苏轼在《桂酒颂（并序）》中写道："吾谪居海上，法当数饮酒以御瘴，而岭南无酒禁。有隐者，以桂酒方授吾，酿成而玉色，香味超然，非人间物也。"说桂酒的制作方子是一位隐士赠予的，为抵御岭南瘴毒对身体的侵害，他开始制作桂酒，酿成的桂酒里玉色而香味超然，好似仙品。苏轼在《新酿桂酒》中描写了自己酿造桂酒的过程：

> 捣香筛辣入瓶盆，盎盎春溪带雨浑。
> 收拾小山藏社瓮，招呼明月到芳樽。
> 酒材已遣门生致，菜把仍叨地主恩。
> 烂煮葵羹斟桂醑，风流可惜在蛮村。[①]

简短的诗句记录了桂酒酿造的原材料准备及材料加工的整个过程。色香俱佳的桂酒是继松醪酒后苏轼又一得意之作，苏轼于是特别写了《桂酒颂》来表达自己的喜爱之情，称赞桂酒"甘终不坏醉不醒，辅安五神伐三彭"，饮过之后"肌肤渥丹身毛轻，冷然风飞罔水行"。

（二）真一酒

若说酿造桂酒的直接原因是抵御岭南的瘴毒侵害，达到身体上的"养生"，那么真一酒的酿造可以说是苏轼将道家思想融合在酿酒的实践中，从而达到精神上的"养生"。"真一酒"名即道家对人体元气的称呼。真一酒酿造工艺的来源，苏轼在追记《记授真一酒法》一文里写得奇幻难辨：

> 予在白鹤新居，邓道士忽叩门，时已三鼓，家人尽寝，月色如霜，其后有伟人，衣桄榔叶，手携斗酒，丰神英发如吕洞宾者，曰："子尝真一酒乎？"三人就坐，各饮数杯，击节高歌，合江楼下。风振水涌，大鱼皆出。袖出一书授予，乃真一酒法及修养九事。未云九霞仙人李靖书。既别，恍然。[②]

文中记事真假难辨，颇具道家风骨，追记之前，苏轼甚至自称"神授"。真一酒酿酒方来源虽带有神秘色彩，但真一酒的酿制方法及原材料，苏轼在书信《真一酒法寄建安徐得之》中写得十分详细：

---

① 曾枣庄，舒大刚. 苏东坡全集·诗集：卷三十八［M］. 北京：中华书局，2021：690.

② 曾枣庄，舒大刚. 苏东坡全集·文集：卷一百三十一［M］. 北京：中华书局，2021：2995.

岭南不禁酒，近得一酿法，乃是神授。只用白面、糯米、清水三物，谓之真一法酒。酿之成玉色，有自然香味，绝似王太驸马家碧玉香也。奇绝！奇绝！白面乃上等面，如常法起酵，作蒸饼，蒸熟后，以竹篾穿挂风道中，两月后可用。每料不过五斗，只三斗尤佳。每米一斗，炊熟，急水淘过，控干，候令人捣细白曲末三两，拌匀入瓮中，使有力者以手拍实。按中为井子，上广下锐，如绰面尖底碗状，于三两曲末中，预留少许糁盖醅面，以袂幕覆之，候浆水满井中，以刀划破，仍更炊新饭投之。每斗投三升，令入井子中，以醅盖合，每斗入熟水两碗，更三五日，熟，可得好酒六升。其余更取醨者四五升，俗谓之二娘子，犹可饮，日数随天气冷暖，自以意候之。天大热，减曲半两。干汞法传人不妨，此法不可传也。[①]

真一酒所用原料与《真一酒》诗的序言所记“米、麦、水，三一而已，此东坡先生真一酒也”吻合，表明只需寻常所见的米、麦和水而已，但制作要求较高，对温度要求也较严格，温度不同，酒曲量也要随之改变。真一酒是养生之酒，味道与苏轼在黄州酿造的蜜酒相似，喝过之后有强身健体、活血排浊的功效。对于真一酒，苏轼同样不吝赞美之言，向友人大肆宣传推荐，并先后作《真一酒》诗、《真一酒歌》等赞颂此酒。

（三）天门冬酒

天门冬是一味药材，也叫天冬、明天冬、天冬草、丝冬等。以天门冬入酒，宋之前便已有之。唐人孙思邈的《备急千金要方》记载：“天门冬酒，通治五脏六腑大风洞泄虚弱五劳七伤，癥结滞气冷热诸风，癫痫恶疾耳聋头风，四肢拘挛，猥退历节，万病久服身轻延年，齿落更生，发白变黑方。”说天门冬酒有养阴清热，抵御瘴气的功效，有病的人长期饮用能让身体重新焕发生机。苏轼好读书，也读过不少医书，对药理略知一二。被贬瘴毒弥漫的儋州，年迈的苏轼十分注重自我养生，在临终的前一年，苏轼依据古法亲手酿造了天门冬酒。天门冬酒酿好之日，苏轼便迫不及待地一边过滤一边品尝，结果喝得酩酊大醉，写下《庚辰岁正月十二日，天门冬酒熟，予自漉之，且漉且尝，遂以大醉（二首）》以记。其一云：

自拨床头一瓮云，幽人先已醉浓芬。
天门冬熟新年喜，曲米春香并舍闻。
菜圃渐疏花漠漠，竹扉斜掩雨纷纷。
拥裘睡觉知何处，吹面东风散缬纹。[②]

全诗描写了酒香的浓郁和诗人醉酒后的惬意与快乐，让后人看到了一个历经人生起

① 曾枣庄，舒大刚．苏东坡全集·文集：卷一百三十四［M］．北京：中华书局，2021：3037.
② 曾枣庄，舒大刚．苏东坡全集·诗集：卷四十三［M］．北京：中华书局，2021：761.

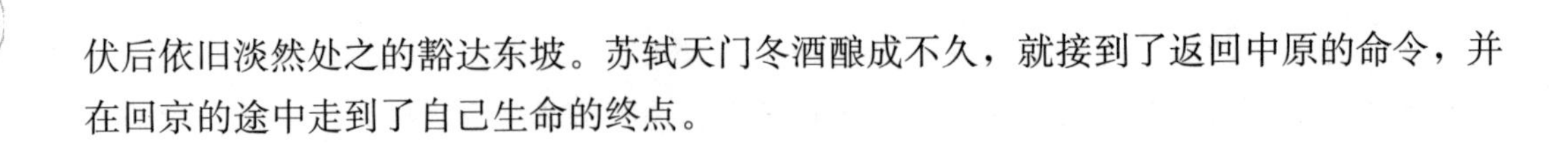
伏后依旧淡然处之的豁达东坡。苏轼天门冬酒酿成不久，就接到了返回中原的命令，并在回京的途中走到了自己生命的终点。

本章小结

继诗仙李白、醉翁欧阳修之后，苏轼是中国历史上又一位与酒有着密切联系的文人。苏轼一生创作了大量的酒诗、酒词和酒文。即使在多次的政治贬谪中，也依然躬耕自给，以亲手酿造美酒为乐。苏轼一生至情至性，深沉厚重，“深陷于政治斗争之间，却始终超越于钩心斗角之上”，不忮不求，忠于自我，这也导致了他一生仕途不顺，但凡所到之处，从来酒香相伴。苏轼已把酒与人格修养、追求人生之道融为一体。对苏轼来说，酒不再是“名士”的载体，而是述志遣怀、广结友朋、愉人乐己的一种方式。饮酒的目的，在于识得酒中之趣，在于达到超越是非荣辱以获得内心平衡安适的境界。

苏轼一生与酒结缘。他喜欢饮酒，酒量虽小，但懂酒、好酿酒，并有自己独到的饮酒观。他写酒、咏酒，对酒从不吝惜赞美之词，酒不仅是苏轼歌咏的对象，也是其诗文创作的催化剂，更是人生不得意的解脱。他在酒的诗文里抒写自己的悲欢离合，无畏无惧，超然旷达；在酿酒的实践中，寻找生活的真谛，探寻生命的意义。他改进、总结酿酒方法，记录酿酒经历，促进了酿酒技术发展和传承，是名副其实的酿酒行家。酒是苏轼人生经历的见证，他在酒中总结饮酒经验和饮酒心理、发现酒趣。苏轼与酒，自成一格，别具情趣。

【本章习题】

一、选择题

1. 中国的宴席自古“无酒不成席”，古人认为人在醉酒的情况下能呈现出（　　）的状态。

   A. 本真　　B. 随和　　C. 豪爽　　D. 虚伪

2. 苏轼第一尝试酿造的酒是（　　）

   A. 真一酒　　B. 洞庭春酒　　C. 蜜酒　　D. 松醪酒

3. 苏轼将道家思想融入酿酒的过程中，最终酿造了（　　）。

   A. 天门冬酒　　B. 真一酒　　C. 桂酒　　D. 松醪酒

4. 苏轼写下关于酒的赋文不包括（　　）

   A.《洞庭春色赋》　　B.《沉香山子赋》

   C.《酒子赋》　　D.《中山松醪赋》

5. 下列哪项不属于苏轼饮酒的原因？（　　）

   A. 抒发郁结　　B. 御瘴养生　　C. 友人相聚　　D. 官府酒贵

二、简答题

请结合苏轼诗文分析苏轼的饮酒观。

参考文献

[1] 曾枣庄，舒大刚．苏东坡全集［M］北京：中华书局，2021.

[2] 苏辙．栾城集［M］．曾枣庄，马德富，校点．上海：上海古籍出版社，1987.

[3] 木空．中国人的酒文化［M］．北京：中国法制出版社，2015.

[4] 刘奕云．中国酒文化［M］．合肥：黄山书社，2017.

[5] 曾枣庄．东坡与酒［J］．中国典籍与文化，2009（3）：100−106.

[6] 曹海月．从苏轼词的酒意象探苏轼多元化的品性［J］．新余学院学报，2018，23（2）：92−96.

[7] 高书杰，郑南．酒事生活视角下的宋代酒文化［J］长江师范学院学报，2017，33（2）：63−69.

[8] 王志桃．诗酒趁年华——论苏轼的诗酒人生［J］．汉字文化，2020（11）：38−39.

[9] 杨欣．苏轼笔下的酒名［J］．西华大学学报（哲学社会科学版），2007（1）：18−20.

[10] 吴洲钇，曾绍义．苏轼的酒趣诗文［J］．求索，2010（5）：226−227.

第五章 佳茗似佳人：惬意东坡与烹茶品茗

【学习目标】

· **知识目标：**

了解茶文化的起源，熟悉苏轼的茶思想。

· **能力目标：**

结合苏轼的茶思想领悟当下茶文化，做茶文化的传播者。

· **素养目标：**

领会茶艺和茶道精神，培养“廉、美、和、静”的人生态度。

第一节 溪茶山茗，好茶爱茶

一、与茶结缘，一生相伴

茶始发于神农，闻于鲁周公，兴起于唐朝，盛于宋代，是中国人日常生活中常见的饮品。中国是茶的故乡，中国人自古将与茶相关的制作工艺与尊礼、修身、立德等融为一体。“茶”是由“荼”演变而来的，唐代之前，很多人把茶写作“荼”字，不过古汉印中已有“茶”字了。中国茶文化独具一格，是中国文化中的一株奇葩，芬芳而甘醇。

茶文化从广义来讲，是以茶为媒介传播各种文化，体现了一定时期的物质文明和精神文明，是以茶为题材的物质文化、制度文化、精神文化的集合。从狭义上来讲，茶文化是指人类在生产、发展、利用茶的过程中，以茶为载体表达人与自然、人与人之间各种理念、信仰、思想情感等文化形态的总和。①

茶兴于唐，而盛于宋。随着茶文化的发展，唐宋之后的各个时期都涌现出以茶为题材的茶诗，这种文化现象对茶文化的发展起到了很大的推动作用。②

---

① 裘孟荣，张星海. 茶文化的社会功能及对产业经济发展的作用［J］. 中国茶叶加工，2012（3）：42－44.

② 于欢. 宋朝茶诗互文性在其作者背景英译中的再现［D］. 大连：大连理工大学，2015.

宋代是茶叶生产和品茶艺术发展的兴盛时期，上至帝王将相，下至平民百姓，都把茶视作生活必需品，当时人“一日不可无茶”，人们对分茶、品茶、斗茶等饮茶艺术的喜爱更是任何一个时代都不能及的。这一时期的茶文化与佛教精神实现了高度融合，无论是外在的技艺，还是内在的思想追求，均是如此。苏轼正是生活在这样一个茶文化蔚然成风的时代。

苏轼出生在四川眉山，眉山是世界上最早种茶饮茶的地区之一，当地的人们自古就有种茶的习俗，彭山县更有世界上最早的产茶区和茶市场。陆羽曾在《茶经》中写道：“茶者，南方之嘉木也。一尺、二尺乃至数十尺，其巴山峡川，有两人合抱者，伐而掇之。”[①] 苏轼喜茶和他的家庭氛围也有很大关系。苏轼的父亲苏洵喜与名僧交游，母亲程氏更是笃信佛教之人，家庭中崇尚佛家思想的氛围、喜爱饮茶的习惯让少年时代的苏轼深受濡染，深远地影响了他的人生，由此一生与茶结下不解之缘。

苏轼一生爱茶、种茶、品茶，他在诗歌中也常以茶喻人，用不同的茶比喻不同人的品性。他一生懂茶爱茶，深得茶中三昧，茶在他的生活情趣、人生态度和文学创作中都产生了重要影响。苏轼的一生游历广阔，从峨眉之巅到钱塘之滨，从宋辽边陲到闽南海滨，经历了仕宦、交游、贬谪等种种人生起伏，这种阅历不仅为他提供了品茶的机会，也让其作品散发出诗意的茶香。

二、大冶讨种，雪堂种茶

元丰年间，苏轼在黄州经济拮据，生活困顿。于是，他在黄州郊外亲自耕种农务，以此解除“因匮”和“乏食”之急。元丰四年（1081），苏轼将黄州城外的五十多亩田地开垦出来，在壁上绘雪景，命名为雪堂，还亲自写了“东坡雪堂”四字作为匾额。后来他不辞辛劳，去大冶讨来茶种，种在雪堂边。为此事，苏轼还写了一首诗《问大冶长老乞桃花茶栽东坡》[②]，其中写道：“磋我五亩园，桑麦苦蒙翳”，“不令寸地闲，更乞茶子艺”。

在《种茶》一诗中，他写道：

松间旅生茶，已与松俱瘦。
茨棘尚未容，蒙翳争交构。
天公所遗弃，百岁仍稚幼。
紫笋虽不长，孤根乃独寿。
移栽白鹤岭，土软春雨后。
弥旬得连阴，似许晚遂茂。

① 史正江，余友枝．陆羽十讲　茶圣陆羽　《茶经》及茶道［M］．广州：广东人民出版社，2022：77．
② 曾枣庄，舒大刚．苏东坡全集·东坡续集：卷一［M］．北京：中华书局，2021：391．

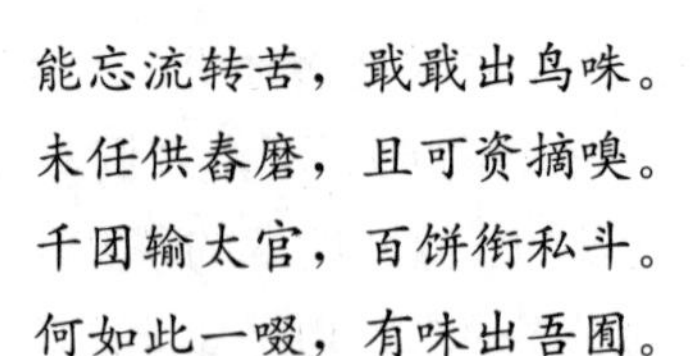
能忘流转苦，戢戢出鸟咮。
未任供春磨，且可资摘嗅。
千团输太官，百饼衔私斗。
何如此一啜，有味出吾囿。

茶树长在松树之间，跟松树一样瘦骨嶙峋，周围有荆棘和藤蔓缠绕在一起，似乎是被老天遗弃在荒野之上，几百年过去了，还如稚子一般无人管束，野蛮生长。这片荒野之地，自然长不出“顾渚紫笋”这样的名优茶，但是孤独的茶树，独树一帜，顽强地活在天地之间。百年老茶树似乎已经被遗弃，但苏轼选择在一个春雨如油的好时节，将它移到了自己的园中。在他的细心呵护下，老茶树重现活力，长出了上好的茶叶。陆羽《茶经》中说：“野者上，园者次。”唐宋时，民间大规模种植茶树并不多见，野茶自由生长，茶味足，茶气悠扬，茶园的茶叶反而不受欢迎。

苏轼对种茶颇有研究还体现在他的《水调歌头·咏茶》：“采取枝头雀舌，带露和烟捣碎。炼作紫金堆。碾破香无限，飞起绿尘埃。”寥寥数句，将采茶、制茶、点茶、品茶等活动描写得绘声绘色，情趣盎然：茶树争相吐翠、蓬蓬勃勃，在春色中分外抢眼。这时，采摘下最鲜嫩的茶芽，带着露水和雾气将其揉制成一团团如紫云般美丽的茶饼，再轻轻地用黄金碾碾开，这时会飞扬起细细的绿色茶末。在大文豪苏轼的眼中，采茶、制茶的过程是一种别样的享受。

三、桑麻之野，难品好茶

苏轼对茶的喜爱之情即使在梦中也难以忘怀。他的《和蒋夔寄茶》[①] 回味当年，也是处处洋溢着清逸茶香，引人遐思，全文语带诙谐，如叙家常，娓娓道来：

我生百事常随缘，四方水陆无不便。
扁舟渡江适吴越，三年饮食穷芳鲜。
金齑玉脍饭炊雪，海螯江柱初脱泉。
临风饱食甘寝罢，一瓯花乳浮轻圆。
自从舍舟入东武，沃野便到桑麻川。
剪毛胡羊大如马，谁记鹿角腥盘筵。
厨中蒸粟埋饭瓮，大杓更取酸生涎。
柘罗铜碾弃不用，脂麻白土须盆研。
故人犹作旧眼看，谓我好尚如当年。
沙溪北苑强分别，水脚一线争谁先。

① 苏轼. 苏轼文集编年笺注 诗词附 11［M］. 李之亮，笺注. 成都：巴蜀书社，2011：119.

清诗两幅寄千里，紫金百饼费万钱。
吟哦烹噍两奇绝，只恐偷乞烦封缠。
老妻稚子不知爱，一半已入姜盐煎。

这位十足的美食家想念着江南的河鲜海味，在酒足饭饱、午醉初醒的时刻品一盅清茶，充满了怡然自得的满足感。尽管通篇贯穿着苏轼随缘自适的思想，但他对江南的深情怀念仍无法遏止地毕现于笔端。那时的密州远离政治、经济和文化中心，是一个闭塞的地方。莽莽荒原上，颠簸劳顿的车马替代了江南水乡安逸的舟船；仅蔽风雨的简朴民宅，替代了雕梁画栋的舒适屋宇；一望平川单调的桑麻之野，替代了如诗如画、醉人的江山美景。而其中更叫人难以适应的，则是饮食的粗陋和单调。

荒瘠寒冷的大地，物产本就不够丰富，再加上连年蝗旱，庄稼、菜蔬无不歉收，因而食物奇缺。早已习惯了鲜食美味的苏轼，如今却不得不学着本地人吃粟米饭，饮酸酱，有时也把肉块埋在饭下蒸煮，做成所谓的“饭瓮”，这大概可算是密州的一道“美食”吧。那些精致的茶具如今早已废弃，那些优雅的情趣如今早已忘记，友人破费万钱、千里相赠的茶中极品，竟好似明珠暗投。

此时的苏轼正值中年，精力旺盛，正是建功立业的大好时候。奈何与当权之人政见不同，备受排挤打击，难展宏图。可他并不因此放弃自己的理想抱负，和世俗同流合污；也不就此消沉，一蹶不振，他的乐观与豁达令世人敬佩。

第二节　烹茶品茗，茶予清欢

苏轼一生颇多沉浮，走过祖国大地的许多地方，也曾“幸运地”沦落于天涯海角。从四川到海南，他走过了四川、杭州、湖州、徐州、密州、惠州、黄州、阳羡（宜兴）、岭南、海南……作为茶的起源地之一，中国产茶之地不仅多，所产茶的品种也层出不穷。四川的蒙顶茶、杭州的西湖龙井、湖州的顾渚紫笋、宜兴的阳羡茶、建溪的岩茶……不管是显达之时，还是落魄之秋，苏轼每到一地至少都能喝上茶，让辛酸的人生得到了一壶清茶的慰藉。苏轼不光精通茶道，还深研佛理，写下了不少脍炙人口的咏茶诗词，可见苏轼对饮茶一道，更深得独到之秘。

一、煎茶

煎茶是两宋时代的饮茶方式。风炉与铫子用于煎茶，将细研作末的茶投入滚水中煎煮，然后用滚水冲点，便是煎茶。汤瓶煎水一般不取风炉，而多用燎炉。燎炉有圆形，也有方形，前者多见于辽，后者多见于宋，因此宋人又称它“方炉”。

煎茶，并非煎茶，实为煎水，将煎好的水注入盛有茶末的瓯中，稍等片刻即可品饮了。苏轼在其《试院煎茶》[1] 的自注中已做了说明："古语云，煎水不煎茶。"所以煎茶重在煎水，而煎水又难在候汤。关于候汤，苏轼的《试院煎茶》云：

> 蟹眼已过鱼眼生，飕飕欲作松风鸣。
> 蒙茸出磨细珠落，眩转绕瓯飞雪轻。
> 银瓶泻汤夸第二，未识古人煎水意。
> 君不见昔时李生好客手自煎，贵从活火发新泉。
> 又不见今时潞公煎茶学西蜀，定州花瓷琢红玉。
> 我今贫病常苦饥，分无玉碗捧蛾眉。
> 且学公家作茗饮，博炉石铫情相随。
> 不用撑肠拄腹文字五千卷，但愿一瓯常及睡足日高时。

煎水初沸时，声如阶下虫鸣，又如远处蝉噪；二沸时，如满载而来吱吱呀呀的车声；三沸时，如松涛汹涌，溪涧喧腾，这时，赶紧提瓶，注水入瓯。而苏轼的"飕飕欲作松风鸣"即对这一过程的准确描述。

苏东坡在《次韵董夷仲茶磨》中也写道"计尽功极至于磨，信哉智者能创物"，即说磨茶的"茶磨"，人们用它来把茶饼碾成粉末，置入茶盏，其次便是煎水。

苏轼对饮茶十分讲究，在《汲江煎茶》[2] 一诗中可见其陆羽遗风：

> 活水还须活火烹，自临钓石取深清。
> 大瓢贮月归春瓮，小杓分江入夜瓶。
> 雪乳已翻煎处脚，松风忽作泻时声。
> 枯肠未易禁三碗，坐听荒城长短更。

煎茶的水需用流动的江水（活水），并用猛火（活火）。用大瓢舀水，提回来倒在水缸（瓮）里；再用小水勺将江水（江）舀入煎茶的陶瓶里。煮开了，雪白的茶乳随着煎得翻转的茶脚漂了上来。茶水泻到茶碗里，飕飕作响，像风吹过松林发出的松涛声。《汲江煎茶》是苏轼被贬儋州时所作。虽然他在官场的政治斗争中屡屡受伤，但他并没有气馁，而是选择笑对人生。"煎茶"成了他抚平创伤的方式之一。诗人为了煮好茶，不辞辛苦地以老迈之躯到清江水中取得活水，等到茶水沸开，陶瓶里乳浪飞旋，耳中所闻是阵阵松涛。诗中最瑰丽的两句却是"大瓢贮月归春瓮，小杓分江入夜瓶"，以月色为茶饮，注清江水入瓶，诗中想象之奇特，诗人胸怀之豪放，不由得使人想起唐朝那位邀月共饮的青莲居士了。茶已成为苏轼生命与情感中的重要组成部分，生活中有茶即感

① 曾枣庄，舒大刚．苏东坡全集·东坡续集：卷一［M］．北京：中华书局，2021：166．

② 曾枣庄，舒大刚．苏东坡全集·东坡续集：卷二［M］．北京：中华书局，2021：769．

到很满足，说明烹茶、品茶已成为他生活中不可或缺的一部分。

一捧热茶是寻常的东西，但它可以消解诗人的痛苦，将一言难尽的人生滋味冲入茶中，化为淡淡馨香。从苏轼这首关于茶的诗中，我们亦可感受到煮茶如做人。煮茶应该恰到好处地掌握火候，人也应该恰如其分地掌握火候。茶的品格并不十分强烈，但也不是那么怯弱；不是十分的浓酽，但也不是那么无味。人的品格，自然也应该不温不火，不疾不徐，进取而不保守，积极而不躁急。

二、点茶

点茶是宋代茶文化中的高雅艺术，其精髓在于“点”，并附精美的茶具和高超的技术：茶品、水品、茶器、技巧。

宋人王安中有《睿谟殿曲宴诗》，详记宣和年间的一次宫中之宴。诗前之长序胪举盛况，说到“户牖屏柱，茶床燎炉，皆五色琉璃，缀以夜光火齐，照耀璀璨”。诗中的燎炉应为烹茶之器。又南宋赵蕃《海监院惠二物戏答》写道：“打粥泛邵州饼，候汤点上封茶。软语方炉活火，清游断岸飞花。”点茶之汤瓶与方炉的组合，也每见于宋代图像，如故宫博物馆藏《春游晚归图》，如江苏江阴青阳镇里泾坝宋墓石椁浮雕。

与煎茶多用于二三知己的小聚与清谈不同，点茶多用于宴会，包括家宴，也包括多人的雅集。两种情景，在宋代绘画中表现分明。验之以宋徽宗《文会图》，旧题唐人、实为宋代作品的《春宴图卷》，又如南宋《会昌九老图》、山西陵川县附城镇玉泉村金墓壁画，俱可证大型聚会所用皆为上置候汤点茶之汤瓶的“方炉”，亦即王安中诗序中说到的“燎炉”。

点茶技艺盛行于两宋，在明代泡茶法盛行后，点茶法式微，在中华大地几近失传。宋徽宗赵佶甚至御笔亲书《大观茶论》，此书成为关于宋代点茶影响力最大的一部著作，其中记载：“至治之世，岂惟人得以尽其材，而草木之灵者，亦得以尽其用矣。”[①] 饮茶在社会各个阶层中普及，茶成为人们日常生活中的日用品。

和唐代的煮茶法不同，点茶法是将茶叶末放在茶碗里，注入少量沸水调成糊状，然后再注入沸水，或者直接向茶碗中注入沸水，同时用茶筅搅动，茶末上浮，形成粥面。它多在二人或二人以上时进行，但也可以一个人自煎（水）、自点（茶）、自品，它给人带来身心享受，唤起无穷的回味。点茶具体分为九个步骤：

（一）备器

宋代点茶的器具繁多，其中很多器具都是用来将团茶磨成茶末。在南宋，审安老人以白描的画法画出了十二件茶具图形，称为“十二先生”，赐各物以姓名字号，冠以职官，恰如其分地将茶具之用与礼制联系在一起。

---

① 胡山源. 古今茶事［M］. 北京：商务印书馆，2023：47.

（二）备茶

在宋代，茶叶主要分为片茶跟散茶，社会上流群体多饮用片茶，普通家庭则多饮用散茶，其中，宋代北苑御茶园所贡之龙凤团茶堪称奢侈之最。宋徽宗在《大观茶论》中称赞“岁修建溪之贡，龙团凤饼，名冠天下”。

（三）炙茶

在古时，茶叶存储条件一般，在存储运输过程中难免受潮，因此，在喝的过程中，需要将团茶放入茶焙笼中炙烤，这样做不仅可以去掉团茶中的水气，还可以提升茶叶的香气，降低茶汤的苦涩感。到了现代，生活在云南茶山上的人们仍然有人喝炙茶。

（四）碎茶

用木制工具将团茶捣成小块，方便碾茶。

（五）碾茶

将捣碎的团茶放入茶碾（宋人戏称为“金法曹”）中，用来将碎茶碾压成更细的粉末。随着茶具的进步，茶碾已经不能满足宋代饮茶人精益求精的需求，于是，石转运应运而生。相比茶碾，石转运效率更高，研磨出来的茶末更加细腻。

（六）罗茶

罗茶就是通过罗枢密（茶罗）对茶进行筛选，过滤掉比较大的茶末，留下细密的茶粉，方便点茶。

（七）候汤

蔡襄《茶录》载：“候汤最难，未熟则沫浮，过熟则茶沉。”可见点茶时注水的水温控制非常重要。点茶水温较煎茶为低，约相当于煎茶所谓的一沸水。煮水用汤瓶，汤瓶细口、长流、有柄。宋代候汤主要采用“声辨”，汤至三沸时，便可提起汤瓶，准备点茶。

（八）熁盏

熁盏，又称为炙盏或者温盏，与今人所讲的温杯相同，宋人会用火烤热或者用热水洗涤茶盏，这是点茶前的重要步骤，如果盏不热，茶沫不容易浮起。

（九）点茶

点茶总共要注七次水，使茶末与水交融，直到茶汤表面出现雪沫状的乳花才算成功。

（1）点茶第一汤：量茶受量，调如溶胶。

用小勺取茶末，置于盏中，注入沸水，将其调成膏状，并继续沿茶盏边缘注水。

（2）点茶第二汤：击拂既力，珠玑磊落。

这里需要用到茶筅。用茶筅大力搅动茶膏，令茶末与水交融。手腕以茶盏为中心转动，加大力度，当出现较多泡沫时，向茶面注水，用茶筅击打茶汤，茶汤泛起泡沫，颜色按翠绿—奶绿—奶白变化，茶汤表面现雪沫乳花，使其厚而白。此一轮至关重要，因为此后注水打击出的乳花都是以此为基础的。

（3）点茶第三汤：击拂轻匀，粟粒蟹眼。

继续注汤，一手注汤时，不得有水滴淋漓，以免破坏茶面。另一只手持茶筅用力击拂，这时茶面汤花已渐渐焕发色泽，茶面上升起层层珠玑似的细泡，使茶面汤花细腻如粟粒、蟹眼，此时茶色已有六七。“击拂既力”，快速和用力是关键要素。

（4）点茶第四汤：稍宽勿速，轻云渐生。

这时注水要少，使用茶筅的幅度要大，速度比第三汤要小，所谓的“轻云渐生”，就是指茶面的颜色变得比较白。

（5）点茶第五汤：乃可稍纵，茶色尽矣。

注水，用力击拂使其发立起来，有的过于泛起水要放得稍快些，茶筅击拂要均匀而透彻。

（6）点茶第六汤：以观立作，乳点勃然。

注水，把底部没有打掉的茶粉继续打上来，使得乳面更厚。

（7）点茶第七汤：乳雾汹涌，溢盏而起。

注水，在中上部快速地击打，直到回凝而不动，是谓溢盏。

最后，则可将茶分装陶宝文（茶杯）置于漆雕秘阁（杯托），即可品茗。

苏轼是名满天下的大文人，当时社会各界名人都以结交苏轼为荣。但苏轼的交友之道很独特，他并不满足于只与上层群体的人交往，结交了很多民间的朋友，如僧人、道士、酒监、药师、大夫、农人。在当时的社会，士人交朋友是很看重门第的，士大夫们耻于和身份低下的人相交，苏东坡这样的交友之道在一般人看来是很荒唐的。但苏轼不以为忤，同时他爱好佛学，与当时颇受人尊敬的高僧慧勤和参寥成为一生密友。

在苏轼的好友中，有一位点茶高手南屏谦师，其高超的点茶技艺令人折服，不少诗人对此颇多称赞。北宋史学家刘攽（1023—1089 年）亦有诗赠谦师，有句云：“泻汤夺得茶三昧，觅句还窥诗一斑。”“点茶三昧手”是时人对点茶高手南屏谦师的赞誉。

元祐四年（1089），苏轼第二次到杭州上任，这年的十二月二十七日，他正游览西湖葛岭的寿星寺。南屏山麓净慈寺的谦师听到这个消息，便赶到北山，为苏东坡点茶。苏轼在《送南屏谦师》[1] 中进行了记载：

---

① 文章. 北大国学［M］. 北京：北京联合出版公司，2015：139.

道人晓出南屏山，来试点茶三昧手。
忽惊午盏兔毛斑，打作春瓮鹅儿酒。
天台乳花世不见，玉川风腋今安有。
先生有意续茶经，会使老谦名不朽。

谦师治茶有其独特之处，但他自己说，烹茶之事，“得之于心，应之于手，非可以言传学到者”。

第三节　君子佳人，茶兼诗禅

一、茶道

中国人的茶道精神以静心为基础，容纳了文人对雅致生活的追求，处处显示着和谐之美，也就是俗称茶道的“静、美、雅、和”。

所谓“静”，指静心。燃一炷清香，泡一杯清茶，细细地品味，便会发现我们品的是茶，静的是心，悟的是人生。独在幽处品茶，常在静室听雨，也是人生快事。品茶寻觅外在的静处是表象，让内心静下来才是追求。

所谓“美”，指茶叶在冲泡时的形态，水中茶叶的绽放体现了茶的生命之美，浮浮沉沉体现了茶如人生的跌宕之美。茶之美，还在于器具的美，或是一只素雅的瓷质盖碗，或是一把古朴雅致的紫砂壶，不同的茶用不同质地的容器，方能品味出不同的滋味和韵味。茶之美，还体现在泡茶人的动作和神韵之美，其行云流水的手法和优雅的动作，以及从容恬淡的气质都是风景。

所谓“雅”，指茶本身的韵高致静。茶文化本身就是雅文化的代表，古代文人雅客都以饮茶为雅事，有的人还给茶起了很多雅致的名字，其一为“云华”[①]，皮日休《寒日书斋即事》有云：“深夜数瓯唯柏叶，清晨一器是云华。”还有一名为“碧霞”，元代耶律楚材有诗云：“红炉石鼎烹团月，一碗和香吸碧霞。”碧霞与云华一样，都是天上才有的东西，令人无限向往。

茶之雅还在茶烟。煮茶之处，必有茶烟，茶烟之美令人陶醉，故茶烟也是古代文人墨客经常赞美的东西。唐代杜牧《题禅院》中云：“今日鬓丝禅榻畔，茶烟轻飏落花风。”朱熹《茶灶》中云：“饮罢方舟去，茶烟袅细香。”茶之雅，还在于饮茶之人，爱茶之人多是文人墨客或高雅隐士，他们或在朝堂上，或藏于名山大川，或在市井之间，都以饮茶为雅事，品茶也体现了他们超脱闲逸的雅致追求。

---

① 谢穡. 浅论宋词中的茶民俗 [J]. 湖湘论坛，2008 (6)：79.

所谓“和”是指天和、地和、人和。“天和”指采茶时需要天时，即采收的时间要合适；“地和”指茶树要在某一地区才能出好茶，茶叶的质量与海拔和气候关系很大；“人和”指制茶师傅的手艺要高超，若制茶工序中有一项没有掌握好，就会功亏一篑；泡茶时，泡茶人手艺也要纯熟，投茶量和选水及水温等都要适中。“和”是一切恰到好处，无过亦无不及。当然品茶者也要懂茶，能品出茶的芬芳和好处来，若是不懂茶，如牛马一样狂饮，就会可惜了种茶、制茶、泡茶人的心血。“和”是以茶为媒介，实现天、地、人及自然的和谐之道。“和”还指喝茶时需要有一种平和的心境。

茶是苏轼精神的慰藉，是他安放心灵所在。“吾尝中夜而起，挈瓶而东。有落月之相随，无一人而我同。汲者未动，夜气方归。锵琼佩之落谷，滟玉池之生肥。”（《天庆观乳泉赋》）[①] 在儋州的贬谪生活中，他月夜汲江水煎茶，品茗思忖，以茶参禅，在袅袅幽香中揣摩世态炎凉，体味人生苦乐，将内心的孤寂之情转化为一种闲趣。

明代冯璧《东坡海南烹茶图》[②] 诗云：

讲筵分赐密云龙，春梦分明觉亦空。
地恶九钻黎洞火，天游两腋玉川风。

这首诗写苏轼由朝廷重用、特赐“密龙云”珍品茶，到外放下狱、谪贬儋州，仕途坎坷变化，有如一场春梦，但苏轼仍然像唐代卢仝那样喜爱品茗。这首诗以茶简要概括了苏轼的一生。

茶成为苏轼在困顿中解脱自我、完成超越的凭借，“枯肠未易禁三碗，坐听荒城长短更”饱含着苏轼对待人生的淡然超脱。《次前韵寄子由》诗云：“老矣复何言，荣辱今两空。泥洹尚一路，所向余皆穷。”[③] “泥洹”即“涅槃”，是佛教中的最高境界。谪居儋州，年老体衰的苏轼面临着“食无肉，病无药，居无屋，出无友，冬无炭，夏无寒泉”的艰难困境，他没有悲观绝望，而是调整心态，随遇而安，把人生挫折、个人得失看成一种历练，很快就融入生活。他与当地老百姓打成一片，传播中原文化，送医治病，著书为乐。他把自己当作一名儋州人，把九死一生的被贬生活当作一次奇绝壮观的旅游，发出“九死南荒吾不恨，兹游奇绝冠平生”的感喟，可见诗人超然自得、随缘自适的人生态度，颇有禅家之风。

《心经》云：“无挂碍故，无有恐怖。远离颠倒梦想，究竟涅槃。”苏轼借茶淡忘仕途失意带来的痛苦，在饮茶中忘却尘世，在参禅中体悟世事如梦似幻，摆脱了外在环境的役使，看透了世间名利和倾轧，超然自得，物我两忘，将宠辱不惊、随遇而安的人生观融入茶中，将淡然的隐逸情怀寄寓于茶中，我们从这淡然中又可以窥见其淡泊旷达又

---

① 王时宇，郑行顺．琼崖文库　苏文忠公海外集［M］．海口：海南出版社，2017：30.
② 陆羽．茶经［M］．哈尔滨：黑龙江美术出版社，2017：180.
③ 李一冰．苏东坡新传：下［M］．2版．成都：四川人民出版社，2020：849.

刚正不阿的精神品格。

禅宗对苏东坡的影响不仅表现在其人生信念和处世态度上，还表现在审美情趣上。禅宗追求内心安然、超尘脱俗的精神境界，对苏轼的人生哲学和人生情趣都有重要启发。苏轼喜好禅宗，以茶参禅，他的茶诗具有丰富的精神内涵。

茶道，其实是通过沏茶、赏茶、闻茶、饮茶等方式来学习礼法。苏轼精通茶道，他曾在《西江月·茶词》[①] 的序中写道："送建溪双井茶谷帘泉与胜之。胜之，徐君猷家后房，甚丽，自叙本贵种也。"

《西江月·茶词》的正文如下：

> 龙焙今年绝品，谷帘自古珍泉。雪芽双井散神仙，苗裔来从北苑。汤发云腴酽白，盏浮花乳轻圆。人间谁敢更争妍，斗取红窗粉面。

江西洪州产有"双井茶"，属芽茶（即散茶），是宋代贡茶之一。此茶形如凤爪，匀齐均整，汤色碧绿，滋味醇和，香气超凡，为茶中之上品。古代建安县吉苑里，是宋代贡茶的集中区。[②] 北苑贡茶，又称北苑御茶，是中国茶叶发展史上最著名的御茶，起源于五代十国时期的闽国。北苑贡茶以龙凤图案的模具制作蒸青团茶，又称龙凤茶、龙团凤饼、建溪官茶等，先后有龙凤团、小龙团、密云龙、龙团胜雪等几十个品种。

苏轼品茶的最高境界是"静中无求，虚中不留"，对茶友和茶具都有很高的要求，他的《扬州石塔试茶》中的两句诗即体现了他的品位："坐客皆可人，鼎器手自洁。"苏轼对茶的养生作用也十分了解，他在《物类相感志》一文中说："吃茶多腹胀，以醋解之。"不止如此，他还懂得茶的另一种与饮用无关的功用：驱蚊虫。每到夏季，他都会将陈茶点燃再吹灭，以烟驱蚊虫。

古人认为喝茶能治病，苏轼对此亦认同。他在杭州时，有一回一口气喝了七杯浓茶，感觉非常过瘾，还写了一首非常诙谐的诗，将茶的药用价值写入了诗中，其诗《游诸佛舍，一日饮酽茶七盏，戏书勤师壁》曰[③]：

> 示病维摩原不病，在家灵运已忘家。
> 何须魏帝一丸药，且尽卢仝七碗茶。

二、茶具

"水为茶之母，壶是茶之父。"苏东坡酷爱紫砂壶，他在谪居宜兴时，经常吟诗挥

① 吕观仁．东坡词注［M］．长沙：岳麓书社，2005：31．
② 陈旭霞．元曲中的茶文化映像［J］．河北学刊，2005（6）：124．
③ 叶羽．中国茶诗经典集萃［M］．北京：中国轻工业出版社，2004：167．

毫，伴随他的是一把提梁式紫砂茶壶，他曾写下“松风竹炉，提壶相呼”的名句，后来此种壶被人们名为“东坡壶”，沿用至今。传闻苏轼晚年不得志，弃官来到蜀山，吃吃茶、吟吟诗，极其惬意，但好景好茶却缺少好茶具。当地的紫砂茶壶都太小，于是苏轼将煮茶用器改为铫子，这是一种由水壶或药壶改型并移作煮茶之用的铜器，经过几个月的细作精修，茶壶做成了，苏轼非常满意，就起了个名字叫提梁壶。

茶不仅是优裕闲适生活的标志，也是困顿仕途中的安慰，真挚友谊的纽带。苏轼的咏茶诗词还能折射出当时的社会现象。元丰元年（1078）春天，徐州发生了严重旱灾，作为地方官的苏轼曾率众到城东二十里的石潭求雨。得雨后，他又与百姓同赴石潭谢雨。苏轼在赴徐门石潭谢雨路上写成组词《浣溪沙》[1] 五首，其一曰：

簌簌衣巾落枣花，村南村北响缫车。牛依古柳卖黄瓜。
酒困路长惟欲睡，日高人渴漫思茶。敲门试问野人家。

这首诗从农村习见的事物入手，意趣盎然地体现了淳厚的乡村风味。村子里从南头到北头缫丝的声音响成一片，原来蚕农们正在紧张地劳动。这里，有枣花散落，有缫车歌唱，在路边古老的柳树下，还有一个身披牛衣的农民在卖黄瓜，寥寥几笔，点染出了一幅初夏时节农村的风俗画。酒后困倦，诗人已走过很长的路程，而离目的地还很远，在初夏的太阳下赶路，他感到燥热、口渴，不由得想喝杯茶润喉解渴，于是“敲门试问野人家”：老乡，能不能给一点茶解解渴呀？这首词似乎是随手写来，实际上文字生动传神。

元丰二年（1079），苏东坡由徐州调任湖州，因怀念惠山，遂邀门生秦少游、诗僧参寥赴无锡同游惠山，写下了《游惠山》一诗：

敲火发山泉，烹茶避林樾。
明窗倾紫盏，色味两奇绝。
吾生眠食耳，一饱万想灭。
颇笑玉川子，饥弄三百月。
岂如山中人，睡起山花发。
一瓯谁与共，门外无来辙。

《游惠山》写到诗人在林木旁的空地上烹煮茶汤，依在窗前将茶汤喝下，茶汤的色泽和香气可谓妙到极点。诗人随之感叹道，生活中，只要多喝美味的茶汤，便可将万千的忧愁消去。从诗中可以看出，茶已成为苏轼生命与情感的重要部分。很少有人能像苏轼这样把烹茶的过程描述得如精妙生动，这除了他个人杰出的文学才华，也离不开他对

---

① 曾枣庄. 三苏选集［M］. 成都：巴蜀书社，2018：305.

茶发自生命深处的喜爱。

苏轼在《次韵曹辅寄壑源试焙新芽》[①] 中写道：

> 仙山灵雨湿行云，洗遍香肌粉未匀。
> 明月来投玉川子，清风吹破武林春。
> 要知玉雪心肠好，不是膏油首面新。
> 戏作小诗君一笑，从来佳茗似佳人。

诗中写道，犹如仙境般的茶山流动着的云雾，滋润了灵草般的茶芽。山之清，雾之多，洗遍了嫩嫩的茶芽。好友投其所好，寄来壑源出产的圆月般的团茶，诗人自喻是“茶仙”玉川子（卢仝）品尝个中滋味，顿觉两腋生风，夸赞这等冰清玉洁的茶不但内质高雅，还没有膏油（指在茶饼上涂一层膏油，是当时比较流行的做法），真是新芽新面。

苏轼把新茶赞为仙山灵草，并且强调这种茶是不加膏油的，“从来佳茗似佳人”，体现了他独特的审美眼光和感受。这是苏轼品茶美学意境的最高体现，也成为后人品评佳茗的最好注解。后人常把苏轼另一首诗的名句“欲把西湖比西子”与之相对成联。

爱茶之人才能体会茶苦尽甘来的别样风情，茶与苏轼的人格十分契合，苏轼对茶的喜爱超越了物质，上升到了心灵的层面。他的茶诗既有超然洒脱的人生态度和鲜明的政治立场，同时具有时代关怀与人生命运的寄托。[②]

元丰七年（1084），苏轼赴汝州任团练使，途中经过泗州时，与泗州刘倩叔同游南山，作《浣溪沙》（细雨斜风作晓寒）：

> 细雨斜风作晓寒，淡烟疏柳媚晴滩。入淮清洛渐漫漫。
> 雪沫乳花浮午盏，蓼茸蒿笋试春盘。人间有味是清欢。

残冬腊月是很难耐的，可是苏轼却只以“作晓寒”三字出之，表现了一种不大在乎的态度。从曳于淡云晴日中的疏柳，觉察到萌发中的春潮，于残冬岁暮之中把握住物象的新机，这正是其逸怀浩气的表现，是他精神境界上度越恒流之处。乳白色的香茶和翡翠般的春蔬两相映托，便有了浓郁的节日气氛。“雪沫乳花”正是煎茶时上浮的白沫，此句可说是对宋人茶道的形象描绘。词的末句“人间有味是清欢”是一个具有哲理性的思考，有照彻全篇之妙趣，寄寓着诗人清旷、娴雅的审美趣味和生活态度，给人以美的享受和无尽的遐思。

---

① 邓立勋．苏东坡全集：上［M］．合肥：黄山书社，1997：351.

② 康保苓．苏轼茶道美学探析［J］．齐齐哈尔大学学报（哲学社会科学版），2016（8）：3.

三、茶的功效

茶味苦、甘，微寒，入心、肺、脾经，具有止渴生津、消食利尿的功效。另外，茶中含有丰富的维生素、蛋白质、氨基酸、糖类、矿物质等营养物质，也含有茶多酚、咖啡因、脂多糖等成分，能起到一定的提神醒脑作用。

熙宁六年（1073），苏轼在任杭州通判时，有一天因病告假，游净慈、南屏诸寺，晚上又到孤山拜访惠勤禅师，一日之中饮浓茶数碗，不觉病已痊愈，于是在禅院粉壁上题了一首七绝《游诸佛舍，一日饮酽茶七盏，戏书勤师壁》。

苏轼还在《仇池笔记》中介绍用茶护齿的妙法："除烦去腻，不可缺茶，然暗中损人不少。吾有一法，每食已，以浓茶漱口，烦腻既出而脾胃不知。肉在齿间，消缩脱去，不烦挑刺，而齿性便若缘此坚密。"① 这段话流传开来以后，颇有影响，宋代的大部分文人都用浓茶漱口。

本章小结

苏轼作为北宋文豪，诗词书画无所不精。同时，他也是一位茶学专家，对茶学造诣深厚。他一生与茶形影不离，饮茶、论茶贯穿着他的仕途及文学创作。

苏轼的一生对生活美学化和美学生活化进行了完美的演绎和诠释。他常怀发现美、体验美、创造美之心，拥有达观超然的心态，享受歌咏生活之美。正因为如此，他才能创作出"从来佳茗似佳人"的千古绝句，描绘出"大瓢贮月归春瓮，小杓分江入夜瓶"的清幽意境，展现出随缘自适的旷达情怀，以及对茶的热爱和颂扬。

苏轼的人生态度对后人产生了深远的影响。他主张积极入世，追求有为，同时也强调灵活变通；他提倡以义为人生追求的境界，同时认为应该兼顾义利。他的处世哲学与茶道中的"君子如水"、追求"中庸"之道，以及在品茶中领悟人生真谛的理念不谋而合。我们不得不感叹，苏轼的一生与茶结下了不解之缘。本章简要介绍了苏轼与茶之间的深厚情缘，以及通过茶领悟到的"做人"和"处世"之道。在赏读苏轼诗词的同时，如果能细品一杯茶，则更能深刻感受中国文化的独特意蕴。

【本章习题】

一、选择题

1. 关于茶树的原产地，有人认为在印度，有人认为是在包括缅甸、泰国、越南、

① 张景. 中国茶文化［M］. 天津：天津科学技术出版社，2018：42.

印度、中国西南的地带。中国的西南地区如云南、贵州、四川，也被认为是茶树原产地的中心地带，其依据是：（　　）

A. 中国是世界上最早确立“茶”字字形、字音、字义的国家，现今世界各国的“茶”字及“茶叶”译音均起源于中国

B. 四川有世界上最古老、保存最多的茶文物和关于茶的典籍，有世界上第一本茶书

C. 中国四川是最早发现大量人工栽培茶树的地方

2. 陆羽《茶经》指出：“其水，用山水上，（　　）中，井水下。其山水，拣乳泉、石池漫流者上。”

A. 河水　　B. 溪水　　C. 泉水　　D. 江水

二、案例分析

案例一　眉山茶的起源

中国茶文化历史悠久、博大精深，眉山是世界茶叶发源地之一，彭山江口镇（今江口街道）是有文字记载的世界最早的茶叶市场和茶叶产地。早在西汉宣帝时期，西汉辞赋家王褒所写的《僮约》中就有“武阳买茶，杨氏担荷”的记载。眉山又是苏轼的故乡，苏东坡好茶众人皆知，他对品茶、烹茶、种茶均在行，对茶史、茶功颇有研究，又创作出众多咏茶诗词，深明茶理，深谙茶道。可以说，苏轼把茶文化推向了一个新高度。

苏轼曾经在洪雅县的青衣江畔拜访当地的茶农，还曾购买、品尝当地种出的茶叶，在外为官多年后，依旧挂念这里的茶，写下了“想见青衣江畔路，白鱼紫笋不论钱”的诗句。很多人误认为诗中的“紫笋”是一种笋子，其实这是一种名茶，因其鲜茶芽叶颜色呈微紫色、嫩叶背卷如同笋壳，而得名“紫笋”。苏轼与眉山茶的故事值得人们挖掘。

从这段材料可以看出，眉山茶的起源与苏轼爱茶有什么关系？

案例二　茶文化的当代新生——茶艺馆

四川人在招待客人之余，或下班后，或周末，一旦提议“喝茶”，那么不用多想，多半是指“喝茶打牌”。但现在，越来越多的年轻人提到“喝茶”，却真的只是单纯地喝茶。

近年来，茶艺馆逐渐兴起。这种茶艺馆，通常进门处可见一口水缸，屏风采用印花的民族风格布料，茶座则是实木桌面。内墙装饰有书法和传统绘画，还配备了书写案台及笔墨纸砚，给人耳目一新的感觉。在这里，无论是宁静独处品茶，还是三两好友、同道中人清谈议事，都是一种相对更健康的生活方式。茶艺馆内不仅装修雅致，更有专业的茶艺师为顾客泡制工夫茶。

不少年轻人沉浸在这种新式茶艺馆中，将茶艺和汉服、古琴、书画结合起来。茶的分类、功能、泡法乃至茶具的工艺等，都成为年轻人感兴趣的内容。茶文化作为中国传统文化之一，逐渐获得新的活力。

从这段材料可以看出，新式茶艺馆有什么独特之处？

案例三　围炉煮茶

入冬以来，在不少城市中，突然兴起了“围炉煮茶”的活动，这种活动主要有两种形式：一种是茶室或茶馆提供消费者所需的“围炉煮茶”物品，包括炉子、茶壶、茶叶及各种可烤制的零食，并以套餐形式向消费者出售；另一种是消费者自行采购所需的用具、食物，自行“围炉煮茶”。

在社交媒体中，人们分享着由陶罐、铁壶、炉火、铁网烤盘等组成的围炉煮茶场景：画面中间摆放着一把壶茶，茶壶周围则摆放着栗子、柿子、年糕等食物。“围炉煮茶”的兴起是多种因素综合作用的结果。例如，冬季天气寒冷，一个烧得通红的炉子和冒着热气的茶壶，不仅能让参与“围炉煮茶”的人感受到温暖，还能使他们在精神上感到放松。

实际上，“围炉煮茶”之所以受到许多年轻人的欢迎，一个重要因素是它具备的社交属性和功能。当下，年轻人原本的一些社交活动可能受到了不同程度的限制，而“围炉煮茶”能够填补这些空白。同时，喝茶也代表了一种更健康、更有节制的生活方式。

根据这段文字，你觉得现代人的茶文化有什么创新点？

参考文献

[1] 史正江，余友枝．陆羽十讲　茶圣陆羽　《茶经》及茶道［M］．广州：广东人民出版社，2022.

[2] 曾枣庄，舒大刚．苏东坡全集·东坡续集：卷一［M］．北京：中华书局，2021.

[3] 苏轼．苏轼文集编年笺注　诗词附　11［M］．李之亮，笺注．成都：巴蜀书社，2011.

[4] 曾枣庄，舒大刚．苏东坡全集·东坡续集：卷二［M］．北京：中华书局，2021.

[5] 胡山源．古今茶事［M］．北京：商务印书馆，2023.

[6] 文章．北大国学［M］．北京：北京联合出版公司，2015.

[7] 王时宇，郑行顺．琼崖文库　苏文忠公海外集［M］．海口：海南出版社，2017.

[8] 陆羽．茶经［M］．哈尔滨：黑龙江美术出版社，2017.

[9] 李一冰．苏东坡新传·下［M］．2版．成都：四川人民出版社，2020.

[10] 吕观仁．东坡词注［M］．长沙：岳麓书社，2005.

[11] 叶羽．中国茶诗经典集萃［M］．北京：中国轻工业出版社，2004.

[12] 曾枣庄．三苏选集［M］．成都：巴蜀书社，2018.

[13] 邓立勋．苏东坡全集：上［M］．合肥：黄山书社，1997.

[14] 张景．中国茶文化［M］．天津：天津科学技术出版社，2018.

[15] 罗炳华．侗族文化和三江县茶产业大发展背景下的茶叶包装设计［D］．南昌：南昌大学，2010.

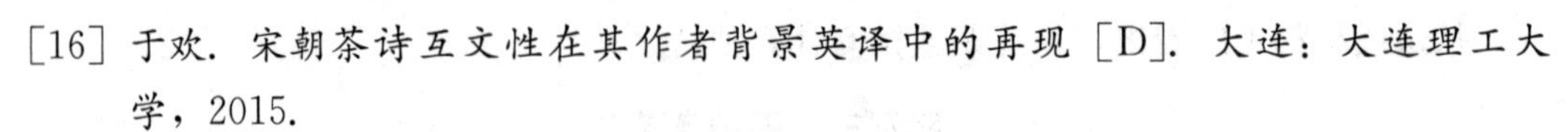

[16] 于欢. 宋朝茶诗互文性在其作者背景英译中的再现［D］. 大连：大连理工大学，2015.

[17] 裘孟荣，张星海. 茶文化的社会功能及对产业经济发展的作用［J］. 中国茶叶加工，2012（3）：42—44.

[18] 谢穑. 浅论宋词中的茶民俗［J］. 湖湘论坛，2008（6）：79—80.

[19] 王欣星. 茶之“和”与宋人的平和包容［J］. 大众文艺，2010（17）：79.

[20] 陈旭霞. 元曲中的茶文化映像［J］. 河北学刊，2005（6）：124—129.

第六章　饮食养生法：自适东坡与饮食养生

【学习目标】

· **知识目标：**

了解苏轼饮食养生的基本情况，理解并把握苏轼的饮食养生思想，熟悉苏轼的养生菜品。

· **能力目标：**

能结合苏轼的养生思想选择食材，传承并创新东坡菜肴。

· **素养目标：**

养成科学的饮食习惯，传承苏轼探索与创新美食的精神。

第一节　杂食有节，食补养生

古往今来，探索健康与长寿的奥秘一直是人类的重大课题之一。苏轼一生不仅创作了大量优秀的文学作品，在养生方面也多有建树。他饱受仕途坎坷，却依然尽享 65 岁高龄，这与他乐观豁达的秉性、对养生的精妙见解密切相关。

苏轼在养生领域取得的成就令人瞩目。他在许多文章里记载了自己的养生经验。明清之际的学者王如锡比较系统全面地编撰了《东坡养生集》，可谓该领域的集大成之作。从苏轼留下的作品中，我们可以看到苏轼对养生之道的见解和他的“苏式”养生思想。

一、清淡饮食，提倡素食

苏轼非常重视饮食与养生的关系。他主张清淡饮食、节制饮食，并认为这是养身之本。

从现代医学和营养学的角度来说，素食食品含有丰富的维生素和纤维素，易于消化吸收，可以促进代谢，有利于人体的健康。苏轼主张多吃素食，少吃肉食。在宦海沉浮的过程中，每迁居一处，他便开荒种地，巧妙烹饪。《菜羹赋》（并叙）[①] 记载："东坡先生卜居南山之下，服食器用，称家之有无。水陆之味，贫不能致，煮蔓菁、芦菔、苦荠而食之。其法不用醯酱，而有自然之味，盖易而可常享。"从现代营养学来说，蔓菁、芦菔（萝卜）、苦荠，均富含维生素、叶酸及微量元素，营养丰富，具有延年益寿的功效，同时也有一定的药用价值。

苏轼还提倡饮食清淡，少食厚味，认为"淡而有味""淡而轻身"是养生长寿之道。苏轼在《狄韶州煮蔓菁芦菔羹》[②] 一诗中写道：

我昔在田间，寒疱有珍烹。
常支折脚鼎，自煮花蔓菁。
中年失此味，想像如隔生。
谁知南岳老，解作东坡羹。
中有芦菔根，尚含晓露清。
勿语贵公子，从渠嗜膻腥。

这道东坡羹取材简单便捷，以菘菜、蔓菁叶、芦菔叶、荠菜为主要原料，成本低廉，再加入米糁焖煮而成。苏东坡盛赞的这道东坡羹，可谓一道纯正的绿色食品，清淡可口，回味悠长，且富含维生素和纤维素，对人体脏腑器官大有裨益。这些极其普通的食材，却孕育着最朴素的美。这种饮食嗜好不仅反映出苏东坡清淡、绿色的养生观，更体现了他随缘自适、乐观旷达的秉性。

苏轼提倡素食，但并非绝不食肉的素食主义者。他在《记三养》[③] 中写到"东坡居士自今日以往，不过一爵一肉"。

苏轼以经济实用、健身益体为膳食原则，无论居于庙堂之高还是处在江湖之远，他都主张节俭，反对奢靡，其日常食谱荤素搭配，与百姓餐桌无异。他的这种饮食思想与现代养生学、营养学的观点不谋而合。

二、晚食当肉，节食养生

苏轼虽自称老饕，但很注意节食养生，从不暴饮暴食。据《东坡志林·赠张鹗》[④] 记载：

吾闻战国中有一方，吾服之有效，故以奉传。其药四味而已：一曰无事以当

① 苏轼. 东坡养生集［M］//四库全书存目丛书·集部：第13册. 济南：齐鲁书社，1997：9.
② 苏轼. 东坡养生集［M］//四库全书存目丛书·集部：第13册. 济南：齐鲁书社，1997：35.
③ 苏轼. 东坡养生集［M］//四库全书存目丛书·集部：第13册. 济南：齐鲁书社，1997：81.
④ 苏轼. 东坡志林：卷一［M］. 北京：中华书局，1981：7.

贵，二曰早寝以当富，三曰安步以当车，四曰晚食以当肉。

夫已饥而食，蔬食有过于八珍，而既饱之余，虽刍豢满前，唯恐其不持去也。若此可谓善处穷者矣，然而于道则未也。安步自佚，晚食为美，安以当车与肉为哉？车与肉犹存于胸中，是以有此言也。

苏轼特意强调“药方”源自战国时期，且“服之有效”，“无事以当贵，早寝以当富，安步以当车，晚食以当肉”便成为苏轼著名的养生四法。苏东坡的养生四法，实际上是从情志、睡眠、运动和饮食四个方面提出了养生健体的方法，这是非常科学的。

苏轼的“晚食以当肉”“晚食为美”，颇合常理。当人饥饿时，吃什么都觉得香，而吃饱之后，再好吃的食物也失去了吸引力。正所谓“已饥而食，蔬食有过于八珍”，“未饥而食，虽八珍犹草木也。使草木如八珍，惟晚食为然”。从现代医学和养生学的角度来说，当人感到饥饿时，表明体内食物已经消化完，此时进食既能品味食物的美味，又顺应身体的需求，十分科学。

苏轼谪居海南时，曾作《记三养》[①] 一文：

东坡居士自今日以往，不过一爵一肉。有尊客，盛馔则三之，可损不可增。有召我者，预以此先之，主人不从而过是者，乃止。一曰安分以养福，二曰宽胃以养气，三曰省费以养财。元符三年八月。

人类依靠肠胃消化食物和吸收营养，宽胃养气十分重要。苏轼的养生之道中就有“宽胃养气”之说。他给自己立下规矩，每天饮食不过一碗饭、一个菜。有尊贵的客人来，则最多不能超过三个菜，可以减少不可增多。赴宴也是如此，否则就不去。

苏轼在《东坡志林·卷一·养生说》[②] 中写道：“已饥方食，未饱先止，散步逍遥，务令腹空。”面对美食，一般人都难以拒绝，常出现暴饮暴食。苏轼提倡“未饱先止”，即差不多七分饱即可。饮食无节，烟酒无度，会使人胃气不足，气血虚衰。苏轼被贬黄州期间，节制饮食，少食酒肉；用时雨沏茶煮药，饮用井水泉水；吃韭姜蜜粥、石菖蒲，宽胃养气，是非常健康的养生行为。《黄帝内经·素问》强调“饮食自倍，肠胃乃伤”，“食物无务于多，贵在能节”。[③] 这就是说，饮食过量会损伤肠胃，饮食失节是导致肠胃病的重要原因之一。可见，苏轼“晚食”“节食”的养生思想是非常有道理的。

三、善用食材，食补养生

古话说，药补不如食补，是药三分毒。食补养生的思想，在中国有非常悠久的历

① 苏轼. 东坡养生集［M］//四库全书存目丛书·集部：第 13 册. 济南：齐鲁书社，1997：81.

② 苏轼. 东坡志林：卷一［M］. 北京：中华书局，1981：7.

③ 龚廷贤，李秀芹. 万病回春［M］. 北京：中国中医药出版社，1998：103.

史。苏轼是深谙中医之道的美食大家，十分懂得食补养生之道，“轼杂著时言医理，于是事亦颇究心”。

苏轼善于根据各种食材不同的习性与功用，有机配合，科学烹煮，通过食疗食补达到养身健体的目的。他独创的“东坡肉”和“东坡羹”系列食谱，被后人传为佳肴。苏东坡曾作《猪肉颂》[①]：

> 净洗铛，少著水，柴头罨烟焰不起。待他自熟莫催他，火候足时他自美。黄州好猪肉，价贱如泥土。贵者不肯吃，贫者不解煮。早晨起来打两碗，饱得自家君莫管。

猪肉被称为中国餐桌第一肉，蛋白质含量较牛肉、羊肉偏低，脂肪、维生素 B_1 含量丰富，同时含有铁、锌、钙等营养物质。猪肉肥肉中的脑磷脂、不饱和脂肪酸是维持人脑健康的重要物质，其中含有的胆固醇也是肝脏、肾脏和心脏等器官所需要的。不过，过量食用猪肉会增加患高脂血症、动脉粥样硬化等心血管疾病的风险。东坡肉在烹饪时，用文火长时间炖煮，猪肉所含饱和脂肪酸可减少 30％～50％，胆固醇可减少 50％～60％，胶原蛋白被分解后，就会得到软烂香糯而又健康的东坡肉。

苏东坡曾记载：“予昔监郡钱塘，游净慈寺，众中有僧号聪药王，年八十余，颜如渥丹，目光炯然。问其所能，盖诊脉知吉如智缘者。自言服生姜四十年，故不老云。”[②]净慈寺方丈服姜延年益寿的方法，被苏轼吸收，他在文章里多次提及自己“食姜”或“食姜粥”，并赞叹“甚美”。

生姜既是常见的烹饪食材，也是一种中药，素有“姜治百病”之说。生姜的根茎、栓皮、姜叶均可入药。生姜味辛，性微温，可益脾胃，散风驱寒，温肺止咳。古谚说：“冬吃萝卜夏吃姜，不劳郎中开药方。”人的很多疾病都与“水湿”有关，因此，中医大多会在方剂里加生姜，以便散发湿气。苏轼被贬海南，当地湿气颇重，苏轼服姜以达强身健体之功效，不无道理。

苏轼在漫长的宦海浮沉里，特别注意食补养生，处顺境之时，锦衣玉食，他处之泰然；置逆境之中，粗茶淡饭，他也能随缘自适，顺其自然。

第二节　愉情爽志，茶酒养生

古有“茶为万病之药”“酒为百药之长”之说，有“以茶养生”“以酒养生”之道。用茶、酒来防治疾病、强身健体、延年益寿，是中国人常用的养生方法。苏轼在饮食、

---

① 苏轼. 东坡养生集［M］//四库全书存目丛书·集部：第 13 册. 济南：齐鲁书社，1997：17.

② 苏轼. 苏东坡全集：第六卷［M］. 北京：北京燕山出版社，2009：3392.

茶、酒养生方面也多有精辟见解。

一、酒与养生

酒是人类发明的主要饮料之一，中国有着悠久的酒文化历史，蕴藏着中华民族的智慧。

酒与保健、治病有着密切的关系。酒性温，味辛而苦甘，有温通血脉、宣散药力、温暖肠胃、祛风散寒、消除疲劳等作用。因此，酒常被医家用来助行药势，使药效更易于达到脏腑、四肢，于是便有“酒为百药之长”之说。

苏轼喜饮酒，并形成了自己独特的饮酒观和饮酒方式，在他看来，饮酒不失为一种养生的方式。

苏轼曾作《和陶饮酒二十首》：“吾饮酒至少，常以把盏为乐。往往颓然坐睡，人见其醉，而吾中了然，盖莫能名其为醉为醒也。”① 但他嗜酒却不贪杯，“饮酒至少”“把盏为乐”“人见其醉，而吾中了然”。由此可见，苏轼饮酒重在愉情爽志，达其所适，乐其所足。

苏轼在《浊醪有妙理赋》中写道：“惟此君独游万物之表，盖天下不可一日而无。在醉常醒，孰是狂人之药；得意忘味，始知至道之腴。”② 他善于品酒，并能从具体的美酒中品出抽象的美，获得精神上的愉悦与超脱。

苏轼撰有《酒经》③，他不仅深谙饮酒之道，还是酿酒的好手。外放海南不久，苏轼便开始了酿酒试验。他以南方稻米为原料，以北方麦面作曲，当酿得好酒后，苏轼兴奋地说“酒亦绝佳”。

中国古人认为，酒能“通血脉，温肠胃，御风寒”。苏轼虽饮酒，但每次饮酒的量并不大。苏轼晚年在《书东皋子传后》中写道：“予饮酒终日，不过五合，天下之不能饮，无在予下者。然喜人饮酒，见客举杯徐引，则予胸中为之浩浩焉，落落焉，酣适之味，乃过于客。”④ 加之那时的酒与今天的酒还是有比较大的区别的，所以当时这种饮酒方式对身体还是有一定的好处。

苏轼深知酒对健康具有正反两方面的作用，他在《饮酒说》⑤ 里写道：

> 嗜饮酒人，一日无酒则病，一旦断酒，酒病皆作。谓酒不可断也，则死于酒而已。断酒而病，病有时已，常饮而不病，一病则死矣。吾平生常服热药，饮酒虽不多，然未尝一日不把盏。自去年来，不服热药，今年饮酒至少，日日病，虽不为大

---

① 李一冰. 苏东坡新传：下［M］. 成都：四川人民出版社，2020：704.

② 胡欢. 苏轼散文［M］. 银川：阳光出版社，2016：51.

③ 苏轼. 东坡养生集［M］//四库全书存目丛书·集部：第13册. 济南：齐鲁书社，1997：51.

④ 王水照，崔铭. 苏轼传：智者在苦难中超越［M］. 天津：天津人民出版社，2008：265.

⑤ 苏轼. 苏东坡全集：第六卷［M］. 北京：北京燕山出版社，2009：3409.

东坡饮食文化

害，然不似饮酒服热药时无病也。今日眼痛，静思其理，岂或然耶？

苏轼提到常服热药则要饮酒，应该是利用有些酒的寒凉特性来解除热气。苏轼反对贪杯滥饮，针对诗朋文友喝得烂醉的情况，他钻研出许多醒酒之法，如中药枳椇子，具有解酒毒、止渴除烦、止呕、利大小便之功效，醒酒效果明显。

苏轼以酒养生还体现在酿制各类保健药酒上。苏轼在《饮酒说》中写道："予虽饮酒不多，然而日欲把盏为乐，殆不可一日无此君。州酿既少，官酤又恶而贵，遂不免闭户自酝。"[①] 他亲自动手操作，酿制出蜜酒、罗浮春酒、中山松醪、真一酒、桂酒、椰子酒、黄酒、天门冬酒等多种酒，其中许多是保健酒，如天门冬酒。

苏轼谪贬海南时，生活异常艰难。海南气候湿热，瘴气横行，易于生病。苏轼也自感"垂老投荒，无复生还之望"，但他对于生命的热爱和向往依然如故。据说天门冬酒就是他在海南之时研制出来的。天门冬也叫天冬、明天冬、天冬草等，是海南当地的一种中草药，其根可入药，具有滋阴润肺、除火止咳等功效。苏轼对中医药和养生之道颇有研究，他以天门冬的汁液为材料，酿成天门冬药酒、保健酒。《山居要录》里详细记载了天门冬酒的酿制方法：

醇酒一斗，六月六日曲麦一升，好糯米五升，作饭，天门冬煎五升米，须淘讫晒干，取天门冬汁浸，先将酒浸曲如常法，候炊饭适寒温，用煎和饮令相入酿之。秋夏七日，勤看，勿令热，秋冬十日熟。

酒初熟味酸，久停则美香，余酒皆不及。

当酒熟之际，苏轼迫不及待，边漉边尝，结果酩酊大醉。酒醒写下《天门冬酒》[②]：

庚辰岁正月十二日，天门冬酒熟，予自漉之，且漉且尝，遂以大醉，二首（其一）：

自拨床头一瓮云，幽人先已醉浓芬。
天门冬熟新年喜，曲米春香并舍闻。
菜圃渐疏花漠漠，竹扉斜掩雨纷纷。
拥裘睡觉知何处，吹面东风散缬纹。

苏轼的《二月十九日携白酒鲈鱼过詹使君食槐叶冷淘》写道："醉饱高眠真事业，此生有味在三余。"他爱酒却不贪杯，不以豪饮为乐，而以"薄薄酒"为快，他以酒养生，其乐观豁达、对生命的热爱在酒中得到了升华。

---

① 苏轼．苏东坡全集：第六卷［M］．北京：北京燕山出版社，2009：3408.

② 苏轼．东坡养生集［M］//四库全书存目丛书·集部：第13册．济南：齐鲁书社，1997：20.

二、茶与养生

中国是茶的起源地之一。唐代陆羽所著《茶经》是中国乃至世界现存最早、最完整、最全面介绍茶的第一部专著，象征着中国历史悠久的茶文化。

茶叶具有减肥、降压、强心、补血、抗动脉硬化、降血糖、抗癌、抗辐射等功效。自古以来，茶与医药、养生就有着密切的关系。

人随着年龄增大，牙齿缝隙渐宽，齿缝更容易嵌入食物残渣。古人提倡每日饭后都应用浓茶漱口，去除食物残渣，达到洁齿保健的目的。茶水漱口的好处很多：其一，消除口臭，使口腔清爽舒适；其二，绿茶中有丰富的茶多酚，抗菌，可防龋齿；其三，茶叶中的儿茶素有抑制流感病毒活性的作用，可在一定程度上预防流感；其四，预防牙出血；其五，预防和治疗牙周炎。

苏轼通晓中医，自然重视饮茶的养生之道。他在《漱茶》[①] 里写道："除烦去腻，不可缺茶，然暗中损人不少。吾有一法，每食已，以浓茶漱口，烦腻既出而脾胃不知。肉在齿间，消缩脱去，不烦挑刺，而齿性便若缘此坚密。率皆用中下茶，其上者亦不常有，数日一啜，不为害也。此大有理。"苏轼同时还提出"食甘甜物，更当漱"，否则易于生虫，导致牙齿脱落。

苏轼一生好茶，他不仅精通茶文化，还是一位烹茶、品茶的高手。从茶壶、茶叶、用水的选用，到烹煮方法，都有他独到之处。苏轼所到之处留下了许多关于茶的佳话。他一生爱茶，从煮茶、品茶中自得其乐，也用茶来养生。

第三节　饮食禁忌，延年益寿

中医自古就有"药食同源"的理论，饮食禁忌也是中医学里的重要内容。苏轼通晓中医理论，在养生中的饮食禁忌方面提出了自己独到的见解和主张。

一、食之禁忌

苏轼在《上神宗皇帝书》[②] 中写道：

> 是以善养生者，慎起居，节饮食，导引关节，吐故纳新，不得已而用药，则择其品之上、性之良、可以久服而无害者，则五藏和平而寿命长；不善养生者，薄节

---

① 张景. 中国茶文化［M］. 天津：天津科学技术出版社，2018：42.

② 曾国藩. 经史百家杂钞：上［M］. 长沙：岳麓书社，2015：509.

慎之功，迟吐纳之效，厌上药而用下品，伐真气而助强阳，根本已空，僵仆无日。

苏轼说善于养生的人，懂得“节饮食”，反对暴饮暴食，要“宽胃以养气”。正如他所说：“口腹之欲，何穷之有，每加节俭，亦是惜福延寿之道。”其实这种养生观古已有之，孔子《论语·学而》里提出“食无求饱”，倡导“节食安胃”。经常吃得太饱会导致肥胖，增加胃肠发病率，降低睡眠质量，影响大脑功能，还容易使人患胆囊炎、结石等疾病等，可谓弊病很多。因此，“节饮食”是非常正确的一种养生观念。

针对老年人的养生，苏轼在《养老篇》[①] 中写道：

软蒸饭，烂煮肉。温羹汤，厚毡褥。少饮酒，惺惺宿。缓缓行，双拳曲。虚其心，实其腹。丧其耳，忘其目。久久行，金丹熟。

随着年龄的增长，人的新陈代谢能力会逐渐减弱，饮食宜软烂，这样不仅美味，也便于消化吸收、减轻胃肠负担，延年益寿。

二、饮之禁忌

中国古代的隐士、失意文人大都与酒为伴，他们从大自然和美酒中获得艺术营养和人生慰藉。

苏轼爱酒、酿酒、饮酒，但提倡节酒，反对过量饮酒。“吾饮酒至少，常以把盏为乐”“少饮酒，惺惺宿”，主张饮之有度，微醺即止，这是与众多文人所不同的地方，也是他饮酒养生的独到之处。

从中医角度来看，酒为纯阳之物，虽有“行气血，舒经脉”之效，但过量饮酒容易导致性情昏躁、神志不清，对身体健康有害无益。

苏轼深谙其理，将可以醒酒的中药枳椇子推荐给诗朋酒友，以减轻过量饮酒带来的不适与危害。此外，他还常常煮菜羹来醒酒。他在《撷菜（并序）》[②] 中写道：

吾借王参军地种菜，不及半亩，而吾与过子终年饱菜，夜半饮醉，无以解酒，辄撷菜煮之。味含土膏，气饱风露，虽梁肉不能及也。人生须底物，而更贪耶？

苏轼饮醉后，就吃点杂蔬汤醒酒。新鲜的蔬菜汤不仅富含水分，还含有多种维生素，可以促进酒精排泄，能有效促进酒精分解与代谢，不仅能解酒，还能健脾胃。

苏轼酒量不大，他之所以好酒而不酗酒，是他深知过量饮酒的危害，饮酒对他来说

① 杨常沙. 苏东坡与美食 [M]. 银川：阳光出版社，2016：26.

② 苏轼. 苏东坡全集：第二卷 [M]. 北京：北京燕山出版社，2009：1019.

只是一种乐趣。而对于饮茶，苏轼也有自己独到的见解。

除了提倡以浓茶漱口，洁齿固齿，去除烦腻，苏轼认为不当饮茶不但不能养生，反而会伤身。如体寒之人，应少喝绿茶，但可以适量饮红茶，因为茶有寒性与温性之别，不加选择，就可能给身体带来损害，所以苏轼说其“暗中损人不少”。

苏轼这位美食“老饕”，纵然历经宦海浮沉，颠沛流离，但始终保持着对生命的热忱，从他的众多诗词里可以看出，他对美食的探索多出现在人生最艰难的时候，如在黄州吃东坡肉、在惠州吃羊蝎子、在儋州吃生蚝，他总能以旷达、乐观的态度超脱困境，注重饮食，发现美食，创造美食。苏轼从饮食中吃出了养生之道，吃出了旷达之风，也吃出了他的人生智慧。

本章小结

苏轼一生坎坷，屡遭贬谪，却仍享高寿，这与他善于养生、注重保健密不可分。

苏轼认为饮食是养生之本。他主张清淡饮食、节制饮食，提倡多吃素食，少吃肉食，认为“淡而有味”“淡而轻身”是养生长寿之道。苏轼在注重节食养生的同时，从不暴饮暴食，饮食主张“宽胃以养气”，善于通过食疗食补来达到养身健体的目的。

苏轼喜茶爱酒，对茶酒养生颇有心得。他嗜酒却不贪杯，“饮酒终日，不过五合”，反对滥饮，以“薄薄酒”为快。对于茶，苏轼不仅善煎、善饮、善品，还善于以茶养生。酒的豪迈、张扬，茶的淡雅、闲适，很好地诠释了苏轼的性格特质。

苏轼深谙药食同源之理，在饮食禁忌方面多有独到的见解，如倡导节食观，认为老年人的养生应注意软蒸饭、烂煮肉、温羹汤、厚毡褥等，这些在今天看来也是极有道理的。

苏轼的人生一如大海的波涛，起伏不定。但不论身处危难之时，还是陷于困顿之中，他总能以一种豁达、乐观的态度面对困境，始终保持对生活的热爱、对未来的憧憬，并能时时品尝美食，于茶酒之中愉情爽志，注重养生之道，乐在其中，这正是苏轼的智慧。

【本章习题】

一、单选题

1.《东坡养生集》是（　　）编撰的。

A. 苏轼　　B. 苏辙　　C. 王如锡　　D. 丘象升

2. 苏轼在海南发明了（　　）的养生方法。

A. 谪居三适　　B. 煮羊肉吃　　C. 东坡肉　　D. 种地自足

3. 对于苏轼的养生观，下列说法不正确的一项是（　　）

A. 运动养生　　B. 调摄养生　　C. 饮食养生　　D. 药石养生

4. 以下不属于苏轼养生观的是（　　）

A. 安分以养福　　　　　　　　B. 宽胃以养气

C. 省费以养财　　　　　　　　D. 厚味以养身

二、简述题

1. 简述苏轼食补养生的思想，谈一谈素食与健康的关系。

2. 简述苏轼“以酒养生”的养生思想和原则。

3. 中国人喜欢饮茶，结合苏轼的养生思想，谈一谈茶与健康的关系及正确的饮茶方法。

4. 简述苏轼关于“食”的禁忌思想并举例说明。

5. 你所知道的饮食禁忌还有哪些？请梳理并与同学交流。

参考文献

[1] 苏轼. 东坡养生集 [M] //四库全书存目丛书·集部：第 13 册. 济南：齐鲁书社，1997.

[2] 苏轼. 东坡志林：卷一 [M]. 北京：中华书局，1981.

[3] 龚廷贤，李秀芹. 万病回春 [M]. 北京：中国中医药出版社，1998.

[4] 苏轼. 苏东坡全集：第二卷 [M]. 北京：北京燕山出版社，2009.

[5] 苏轼. 苏东坡全集：第六卷 [M]. 北京：北京燕山出版社，2009.

[6] 李一冰. 苏东坡新传：下 [M]. 成都：四川人民出版社，2020.

[7] 胡欢. 苏轼散文 [M]. 银川：阳光出版社，2016.

[8] 王水照，崔铭. 苏轼传：智者在苦难中超越 [M]. 天津：天津人民出版社，2008.

[9] 张景. 中国茶文化 [M]. 天津：天津科学技术出版社，2018.

[10] 曾国藩. 经史百家杂钞：上 [M]. 长沙：岳麓书社，2015.

[11] 杨常沙. 苏东坡与美食 [M]. 银川：阳光出版社，2016.

第七章　吟啸徐行：“地仙”东坡的人生哲学

【学习目标】

- **知识目标：**

  掌握苏轼的人生哲学，理解苏轼的文化人格。
- **能力目标：**

  能结合苏轼的人生哲学和文化人格，滋养内心，传承创新东坡菜肴。
- **素养目标：**

  养成积极乐观、乐于奉献、热爱生活、豁达坚毅的品质。

苏轼的一生，是充满创造力的一生，也是饱尝人生酸辛的一生。他在文化上几乎“功德圆满”，但在人生旅途中却历尽坎坷。而正因此，他为我们留下一份特别的“遗产”——基于儒、释、道融合的文化人格。

儒、释、道是中国古代占统治地位的“三教”，文人没有不受其影响的，如唐代诗人中王维信佛，李白好道，而杜甫一生奉儒。北宋文化繁荣，儒、释、道得到进一步发展。先是佛教被重视，后是道教获机遇，而儒家则一直是正宗。此种情况下，“头号文化人”苏轼想不受影响也难。事实上，跟王维、李白、杜甫主要受某一家影响不同，在苏轼身上，既能看到儒家的坚毅执着，又能看到佛家的超脱虚无和道家的率真自然，最典型地体现了儒、释、道三教合一、融通的影响。这种合一融通的具体“模式”，学界有不同说法。有说前期以儒为主、后期以佛道为主；有说以儒家积极入世的思想为主，“佛老思想对他的主要作用是作为在政治逆境中自我解脱的精神武器”[①]。总而言之，苏轼对儒释道的基本态度是既有吸收，又有扬弃，融会贯通，兼容并包。

① 王水照. 苏轼［M］. 上海：上海古籍出版社. 1981：107.

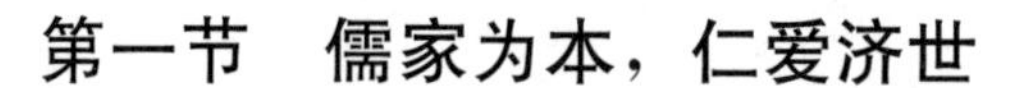

第一节 儒家为本，仁爱济世

苏轼所处的时代大儒辈出，范仲淹、欧阳修等以天下为己任的思想成为读书人的精神航标。苏轼出身于文化气氛浓郁的书香之家，自小深受儒家思想影响。进入仕途后，虽经几起几落、颠沛流离，他却时刻把儒家积极入世的思想作为自己立世的标准，始终将不独“独善其身”，又兼“兼济天下”作为行为的信条，这是文人苏轼一生最重要的人格底色。

一、儒家文化的熏染

（一）来自家庭和家乡的影响

苏轼出生于西蜀眉州，此地有重视经学的传统。他在《眉州远景楼记》里写道：“吾州之俗，有近古者三。其士大夫贵经术而重氏族，其民尊吏而畏法，其农夫合耦以相助。……独吾州之士，通经学古……”“经学”是研究阐释儒家经典意义、义理的学问，是儒家学说的核心组成部分。社会大环境对儒家经典的重视，为苏轼亲近儒家提供了温润的文化土壤。

苏轼祖父苏序豪爽刚正，仗义疏财，在当地很有声望。两位伯父考中进士，走上“正道”。父亲苏洵思想深沉，脾气刚烈。据欧阳修《故霸州文安县主簿苏君墓志铭并序》记载，苏洵 27 岁发愤读书著文，科举不中后“悉取所为文数百篇焚之。益闭户读书，绝笔不为文辞者五六年。乃大究六经、百家之说，以考质古今治乱成败、圣贤穷达出处之际，得其精粹”，文章经欧阳修推荐在京师传开后，“一时后生学者皆尊其贤，学其文以为师法”。苏洵对儒家经典的探讨及慷慨古朴的文风对苏轼兄弟有深刻影响。苏洵自己虽未科考入仕，却对两个儿子寄予厚望，从小悉心引导培养。他在《上张侍郎第一书》一文中曾说：“洵有二子轼、辙，龆就授经，不知他习……”可以看出苏洵以儒家经典作为儿子教育的主要内容。难得的是，苏轼母亲程氏也是知书达礼的女性。苏洵在外游学之时，她为二子亲授史书，启蒙教导。《宋史·苏轼传》记载，“生十年，父洵游学四方，母程氏亲授以书。程氏读东汉《范滂传》，慨然太息。轼请曰：‘轼若为滂，母许之否乎？’程氏曰：‘汝能为滂，吾顾不能为滂母邪？’”母亲不但能教儿子学习儒家典籍，还鼓励儿子成为范滂这样年纪轻轻就“慨然有澄清天下之志”之人。奉儒重文的家庭氛围决定了苏轼的人生。

（二）儒家经典的研习

苏轼对儒家经典的学习专研，打下了他一生积极入世、心系天下的思想基础。受家庭和家乡风气的影响，从青少年时代开始，苏轼日夜博览研习经籍群书。他的严谨治学、注重实用的态度，使其对儒家诸经典之义理有着较为独特的理解。《书论》《诗论》《礼论》《春秋论》等可以说是他专研结果的代表之作，表现了苏轼对儒家思想继承但又不固守教条的态度。他虽从不同的角度对儒家经典进行诠释，但始终借以议政，将儒家经典中对现实生活有益之处挖掘出来，构建其“奋厉有当世志”的忧国爱民的胸怀。他对儒家经典的研习方式可以说是“六经注我”。

二、儒家精神的践行

（一）兼济天下之志

儿时听母亲程氏讲授《范滂传》，苏轼便大受感动，把有天下之志的范滂当作榜样。在读了更多儒家经典后，在当时儒为主流的社会环境影响下，苏轼走出了胸怀天下、积极入世的坎坷而坚定的一生。

苏轼早期的文章中，有很大一部分是“谈国家大事”的。考“制科”时，他曾针对北宋王朝的腐败现状，写了《策略》《策别》《策断》等篇文章，提出“立法禁”“抑侥幸”“决壅蔽”“教战守”等一系列富国强兵、改革弊政的主张。而在考礼部进士的论文《刑赏忠厚之至论》中他更是提出了“天下归仁”的理想：“以君子长者之道待天下，使天下相率而归于君子长者之道。”这种德治仁政的政治思想成了苏轼后来从政贯彻始终的基本指导思想。

奉儒人生追求的是修身齐家治国平天下，“穷则独善其身，达则兼济天下”，失意时做好自我道德完善，显达得志时能心怀天下，不忘百姓。这种理念也成为苏轼毕生的追求与践行。

（二）仁政爱民之实

苏轼宦途四十载，任职期间，他一直以“仁政爱民”的儒家为政标准来要求自己。无论身处顺境还是逆境，都尽力以民为重、顺乎民意、为民争利，做出了为后人称颂的为官业绩，成为深受百姓爱戴的“父母官”。

1. 徐州抗洪，身先士卒

宋神宗熙宁十年（1077）八月下旬，因黄河上游决口，洪水到达徐州城。九月九日，城外水位高达二丈八尺九寸，平城内平地高出一丈零九寸，徐州城外洪水滔滔，城内百姓人心惶惶，有的富人准备弃家而逃。在这危急关头，苏轼来到城门口坐镇指挥，劝大家不要出城，对大家说：有我苏轼在，洪水绝不会进城！他亲自到禁军营地要求军队参加抗洪抢险，得到了军方的全力支持。苏轼一边带领徐州军民筑堤防洪，加高、加厚城墙和防洪堤；一边和众人研究泄洪的办法，决定从上游挖开一个缺口，让洪水流入黄河故道，达到分洪的目的。

经过四十五天的紧张奔波，苏轼终于带领全城军民把洪水挡在了徐州城外。十月十五日，洪水慢慢消退，城内众人安然无恙。苏轼在徐州抗洪的显著功绩，不仅受到了百姓的夸赞，也受到了朝廷的嘉奖。在荣誉和成绩面前，他又将皇帝给他的奖赏用在了加固、加长防洪堤上，确保了徐州城以后的防洪安全。

2. 疏浚西湖，美化城市

苏轼先后两度入职杭州，第一次是做通判，第二次是做太守，他组织疏浚西湖是在杭州太守任上。当时苏轼发现西湖为淤泥杂草阻塞，经过详细的考察调研，并听取多方意见后，苏轼在元祐五年（1090）四月二十九日上书朝廷，写下了《乞开杭州西湖状》，要求疏浚西湖，强调“杭州之有西湖，如人之有眉目，盖不可废也”，并明确阐述了“不可废”的五条理由，得到了朝廷的支持。他亲自发动并招募民工二十余万，开展了规模浩大的西湖疏淘工程。

苏轼采纳了临仆县主簿监杭州城商税苏坚的建议，疏通盐桥河、茅山河，作堰造闸，使“西湖活水之所注，永无乏绝之忧”。在为兄长所作《东坡先生墓志铭》中，苏辙写道，为了解决疏浚西湖大量的杂草、湖泥堆放问题，苏轼提出“为长堤以通南北，则葑田去而行者便矣”，于是，筑成从南山下直通栖霞岭的长堤，既解决了“ 田”的出路，又方便了南北游人的通行。

苏轼还把清理后的湖面分派给人种菱，为防止种菱人侵占湖面，又在湖中立三塔为界，后逐渐演变成闻名国内外的西湖十景之一——“三潭印月”。为了美化湖堤，苏轼还在堤上修了六座桥，分别取名为映波桥、锁澜桥、望山桥、压堤桥、东浦桥、跨虹桥。在长堤竣工以后，他又组织大家在长堤两旁栽种了大量的芙蓉、杨柳。苏轼离开杭州后，继任者林希来到长堤上，看到湖水碧波荡漾，长堤两岸垂柳依依，十分高兴，即将长堤命名为苏公堤，从此“苏堤春晓”以它“十里长虹”的风韵居于西湖十景之首，杭州西湖亦名扬中外。

3. 开办医院，治病救人

据史料记载，宋代以前没有公立医院，社会上只有私人医生行医。苏轼第二次到杭州担任地方长官后，发现当地百姓看病困难，便自己拿出了五十两黄金，还筹集了一些资金，创办了中国有史以来第一所公立医院，取名为“安乐坊”，为杭州人民防病治病，拯救了不少人的生命，至今被人们传为佳话。苏辙在《东坡先生墓志铭》中写道：“公又多作饘粥药剂，遣吏挟医，分坊治病，活者甚众。公曰：‘杭，水陆之会，因疫病死比他处常多。’乃裒羡缗得二千，复发私橐得黄金五十两，以作病坊，稍畜钱粮以待之，至于今不废。”苏辙的这段话如实地记载了苏轼当年在杭州筹资金、办医院、救病人的情景。

据《宋会要辑稿·食货》记载，苏轼知杭州，创办安乐坊，三年医好了病人上千人。苏轼不仅创办医院，还大量收集民间的偏方、验方和养生经验，并介绍给老百姓，防病治病。他在《施圣散子》中说：“去年春，杭之民病，得此药全活者，不可胜数。

所用皆中下品药，略计每千钱即得千服，所济已及千人。”宋人将他的这些偏方、验方和经验汇编成册，取名《苏学士方》，再后来人们又将之与沈括收集的药方合在一起出版，取名为《苏沈良方》，流传至今。

4. 空手办学，开化“蛮荒”

绍圣四年（1097），年已 62 岁的苏轼被一叶孤舟送到了徼边荒凉之地海南岛儋州（今海南儋州市）。据说在宋朝，放逐海南是仅比满门抄斩罪轻一等的处罚。苏轼把儋州当成了自己的第二故乡。他在《别海南黎民表》一诗中写道：“我本儋耳人，寄生西蜀州。”他在这里办学堂，介学风，以至于许多人不远千里，追至儋州，从苏轼学习。自北宋开国到苏轼来海南的 100 多年里，海南从没有人进士及第。但苏轼北归不久，这里的姜唐佐就举乡贡。为此苏轼题诗：“沧海何曾断地脉，珠崖从此破天荒。”人们一直把苏轼看作儋州文化的开拓者、播种人，对他怀有深深的崇敬。

苏轼在海南的事迹不只是办学，他还教儋州人凿井、改进农业生产方式等，从各方面影响当地百姓。儋州流传至今的东坡村、东坡井、东坡田、东坡路、东坡桥、东坡帽甚至“东坡话”等，表达了人们对苏轼深深的缅怀之情。

三、儒家人格的呈现

（一）坚毅执着

儒家的人生态度基本上是积极用世的，它以修身为出发点，实现齐家、治国、平天下的目标，鼓励人入世、有为于天下。苏轼从小研读经史，受儒家思想影响较深，面对国家的政治事务总是敢于坚持自己的意见，不肯做圆滑的官僚。在地方官任上，他兴利除弊，关心民生疾苦，无论身处何方，都执着于人生。

历来的士大夫都是先有志于用世，行兼济之志，后遭受挫折欲有为而不得则恬退归隐独善其身。而苏轼对于儒家处世态度的接受，贵在无论穷达皆能存独善之心而又行兼济之志。

苏轼自正式入仕为官，数十年间煎熬于恶斗的官场，受到新、旧两党的迫害，遭遇比之他人，更加严酷凄惨。当独断而急切的王安石为推行新政排斥异己、翦除政敌时，年轻气盛、匡时救世的苏轼纵笔写下了著名的《上神宗皇帝书》，直陈其弊，被列为保守派。当司马光上台以后尽废新法恢复旧法时，他又提出反对意见，请求保留对民有益的新法，为保守派所不容。他的一生中，对国家的政治事务，不管其见解是否正确，总是不盲从，不徇私，始终保持黑白分明、表里如一的精神。作为一个富有社会责任感的士大夫，他具有坚毅执着的品格。

（二）博大忠厚

忠君报国和仁政爱民也是苏轼接受儒家思想的集中表现。苏轼虽然极慕陶渊明，有

归隐的思想，却从未归隐，是因为他对儒家忠君报国的思想接受尤深。苏轼一生经历了两次“在朝—外任—贬谪”，即使处于贬谪期，亦能如杜甫般关心国计民生大事，既为官军的战捷而喜悦，也为民生的疾苦而忧虑，真是处江湖之远而忧其君其民。同时苏轼还深受孟子仁政爱民思想的影响，从政数十年，以民为重，以人为本，殚精竭虑，为民谋利。其批评新法，着眼点即在新法之扰民生事。身为贬官，不以自保为足，而其仁者之怀与刚直之节，立足点正是儒家仁者爱物的博大忠厚之胸襟。

（三）浩然之气

孟子云：“我善养吾浩然之气。”谈到苏轼的个性，很难避开“气”这个名词。林语堂在他的《苏东坡传》里说：“……（气）类似柏格森所说的‘生气勃勃’，是人格上的‘元气’…… 在孟子的哲学上，‘气’是伟大的道德动力，更简单说，就是人求善、求正义的高贵精神。”这种“浩然之气”，正大刚直的精神，正是苏轼坎坷一生的完美写照。

“轼若为滂，母许之否乎？”少年时的脱口而出，可谓苏轼不凡之气的最早流露。而震动北宋王朝的王安石变法，既是对北宋国家的一场考验，也是对苏轼的正气和勇气的最大检验。出于对国家和百姓的忧虑，苏轼不计后果地写了《上神宗皇帝书》，明确反对新法中的“青苗法”“免役法”及三司条例司的设立，后招致“乌台诗案”险遭杀身之祸。而在旧党上台尽废新法之时，他不顾刚被召回汴京重新任职，又为维护新法中合理的部分与旧党领袖司马光进行激烈争辩。浩然之气是道德勇气，在这场新旧之争的风波中，苏轼两次挺身而出，不计个人得失，只为道德良心。此外，更加难能可贵的是，他与王安石、司马光都没有个人恩怨，跟王安石甚至可算“友好”，在王安石失势隐居南京时，苏轼还去看望过他。还有个叫章惇的新党人物，跟苏轼曾经是很好的朋友，后来疯狂迫害苏轼，苏轼却并不怨恨他，在章惇亦被贬落难时，还想办法关心过他。心地单纯、心胸宽广的苏轼说自己“眼前见天下无一个不好人”，新旧之争让我们看到了一些人偏狭、歹毒、卑鄙的嘴脸，但苏轼是光明磊落的，非有浩然之气者不能为此也。

在《苏东坡传》中，林语堂评论苏轼时曾说过这样一句话：“我不相信我们会从内心爱慕一个品格低劣无耻的作家。”而宋孝宗为《苏文忠公全集》写序言时，就盛赞过苏轼的浩然正气，认为这种正气使他的作品不同于那些华丽柔靡之作。

儒家对“贤”的评判标准向来轻物质、重精神，重视的是一个人内心的操守，所以在儒学飞速发展的北宋，饮食俭朴不仅成为一种社会风尚，更是文人士大夫阶层衡量人品、风度的重要标准之一。儒家以天下为己任，追求“在其位，谋其政”，所以不必过分追求食物的甘美，而是要追求自身创造的价值和获取的地位相当。具体地说，就是在平时“无故不食珍”，在饥荒之年“所食唯一器”。因为一粥一饭，皆是民脂民膏，所以在饮食上不可犯“贪、嗔、痴”三念，日常食物有五谷、五蔬、鱼肉便已足矣，追求珍馐美味反而与道德不符。

苏轼儒家精神的质底，让他在饮食偏好上表现出了崇尚简朴饮食的风尚。这种简朴并不是指他喜欢匮乏的物质生活，而是他在生活中并不追求山珍海味，只求“甘餐不必食肉”的粗茶淡饭生活。在“甘脆肥醲”和“粗茶淡饭”之间，苏轼更倾向于追求“饱饭蔬食而乐”。文人士大夫阶层提倡“粗、淡、薄”的生活，其实质是克制物质欲望，追求个人内心平衡与安宁。宋代文人的尚清简饮食观，是北宋士绅阶层自我规约与道德诉求的一个方面，也是他们强烈的担当意识的反映。

第二节 佛道度心，和解苦痛

苏轼生性耿介刚直，在仕途中屡屡因“不合时宜”而遭排挤贬谪。苏轼一生实苦，官场困顿、理想破灭之苦，人世无常、生离死别之苦，充斥着他的人生。但幸运的是，在圆融儒、释、道的过程中，苏轼以佛道度心，和解苦痛，疗愈精神的伤痕，这让他能从痛苦的状态中走出来，心态平和地面对生活，面对自己。

一、结缘佛道

四川历来是佛道重镇。离苏轼家乡不远的峨眉山是佛教四大名山之一，而稍远的青城山则是道教名山，相传道教一代宗师张道陵曾在此传道。

北宋佛道二教有巨大的影响力，儒家知识分子“出入佛老”已成常态。苏轼年少为学之时，便对佛学有所接触和研究，这不仅是因为时流所趋，风潮所及，也可以从他的天赋秉性与所处的生活环境得到解释。苏轼父母都是佛教的崇信者，母亲程氏尤其是，成年后的苏轼还专门著文回忆母亲如何教育他们“不残鸟雀”。加之其幼年生活之地靠近峨眉山，耳濡目染，风教所被，为苏轼对佛学的深入研习奠定了良好的基础。

二十岁时，苏轼与弟苏辙在成都游大慈寺，结识了寺中惟庆、惟简两位大师，并与惟简（宝月）结成终身友谊，还应惟简之邀写下针砭佛教界时弊的著名文章《中和胜相院记》。几年后，苏轼初入仕任凤翔签判时，即习佛于同事王大年，借佛法调解烦闷情绪。苏轼任杭州通判时常听海月大师宣讲佛理，令自己忧劳纠结的心情获得了意外的解脱：“百忧冰解，形神俱泰。”终其一生，苏轼都乐于同禅僧交往，留下很多传说的佛印和尚是他最好的朋友之一。苏轼学禅主要是为了借鉴禅宗顿悟真如的方式进行心灵修养。禅宗顿悟理论认为：成就佛道，不需概念、判断、推理等逻辑形式，不需对外界事物进行分析，也不需经验积累，只凭感性直观在瞬间把握事物的本质。苏轼正好借助于此去追逐一种超脱旷达的精神境界。

由于太祖太宗特别是真宗的尊崇，北宋道风很盛。而重道注《易》也是“蜀学”一大特色。这是苏轼与道结缘的大环境。苏轼祖父苏序淡于功名，疏达不羁。在苏轼小时候，祖父常带他到苏府门前的竹林和附近的道观中玩。父亲苏洵信奉道教，在未生苏轼前便去道观拜神，祈求生子。生下苏轼后，他认为是神的恩赐，去道观谢恩。这使苏轼还未出生便与道教结下不解之缘。苏轼自八岁起就入天庆观北极院，跟从道士张易简读小学，从那时起，道家思想就在苏轼心中萌芽了，并对苏轼今后的人生产生了深远的影响，以至林语堂也称他“为人父兄夫君颇有儒家的风范，骨子里却是道教徒，讨厌一切虚伪和欺骗”①。

苏轼学习和吸收佛道思想，并不是为了避世，更不是出于一种人生幻灭的虚无感，他吸收佛道思想中他认为有用的部分，并加以改造利用，以构建他理想的人生境界。他在《答毕仲举书》中说：“学佛老者，本期于静而达。静似懒，达似放。学者或未至其所期，而先得其所似，不为无害。”这里讲的“静”和“达”，是一种高层次的人生境界。名利、穷达、荣辱、贵贱、得失、忧喜、苦乐等，都是人生现实欲念所生出的羁绊和枷锁，到了“静”和“达”的境界，就从这种羁绊和枷锁中解脱出来，达到一种自由的境界。

二、受挫时的慰藉

当踌躇满志的苏轼正想要在朝廷中大展拳脚，施展自己伟大的人生抱负时，却无意中卷入了北宋统治集团的新旧党争中。在错综复杂的北宋政局中，苏轼被政敌利用，成了政治上的牺牲品，遭遇到了人生中的一大劫难——“乌台诗案”，因此丢官降职，被贬湖北黄州。

“乌台诗案”是苏轼人生的转折点。自从被贬黄州以来，他原来的以儒家思想为主，佛道为辅，变成了以佛道思想为主，以儒家思想为辅，“外儒”的一面渐隐，“内释”的一面凸显出来。苏轼在黄州时，政治失意、仕途受挫、生活落魄，使他陷入苦闷与迷惘。正是这种苦痛，使苏轼的思想“向内转”，建功立业的壮志难酬，只好“向内”寻求精神的满足。像历史上所有文人士大夫一样，佛道思想成了他最好的慰藉。

（一）佛的影响：随缘旷达

1. 破除人生执着

“人生到处知何似？应似飞鸿踏雪泥。”佛教“不住于相”“平常心是道”的教理深刻影响了苏轼的思维方式，使他在现实生活中不断借鉴运用这一哲学，为自己的身心修养服务。苏轼一生，起落不断，面对现实和命运带来的种种磨砺，他选择用一种平静和达观的心态来对待，对一切都“破执”，力求保持个人心灵的自由无碍。

在政治上，苏轼一方面要坚持儒家正直坦荡的为人原则，一方面又要实现个人的政治抱负，当两者发生冲突时，他便在坚持原则的前提下跳出困境，重获生机。苏轼的两次外任都是他自己提出来的，这说明苏轼并未执着于个人的政治理想，而是选择了寻找

---

① 林语堂. 苏东坡传［M］. 宋碧云，译. 新北：远景出版事业公司. 1977：3.

另一条适合的途径来施展才能，重建功业。外任为官时，他为百姓做了不少好事，对于百姓来说，这些好事远比旨在国富民强的新法实在得多。

2. 淡化苦难意识

因“乌台诗案”获罪入狱和黄州、惠州、儋州三地的贬官生活加深了苏轼对人生的体验和思考，使他在认识苦难的同时又不停地寻找着心灵解脱之法。

“乌台诗案”后，苏轼谪居黄州，生活困难、处境艰难，但他仍保持了较为平静的心态。于黄州所作《定风波》（莫听穿林打叶声）一词体现了苏轼自身对苦难的感悟和消解，“回首向来萧瑟处，归去，也无风雨也无晴”，天晴天雨无心挂念，宦海沉浮亦可淡然处之，这正符合了佛教“应无所住而生其心”的要旨。

绍圣年间，苏轼被贬惠、儋二州，生活就更加艰辛。物质生活的极度贫乏，精神世界的极大苦闷，都加重了苏轼的生命重负和苦难意识，但他非凡的承受力和灵活通脱的哲学观将这一切都淡化了。苏轼在惠、儋二州所作诗文大都体现了他随缘任运、乐观旷达的人生态度，如《纵笔》：“白头萧散满霜风，小阁藤床寄病容。报道先生春睡美，道人轻打五更钟。”这种不计得失、随遇而安的心境，正好与佛教“心无挂碍，无挂碍故，无有恐怖，远离颠倒梦想，究竟涅槃”之说相合。

（二）道的意义：自然清净

1. 回归自然

“道法自然”是道家哲学的基本理念。“自然”一词可指抽象的天地常理，也可指具象的自然之物。道家的理论核心是老庄思想，宋代文人深受老庄思想的熏陶，苏轼即对老子的返璞归真和庄子“逍遥游”的追求有着自己的发挥和应用。

苏轼一生都在各地奔波，每到一处，尽管起居难置，他仍不忘亲近自然，在空闲时尽情领略天地美景和江山风物。苏轼不是旅行家，因此，他不必寻找所谓的名山大川，举凡最平常之白云、明月、江水、清风，都能引起他的兴致和闲情。亲近自然，一要有闲适的心境，二要能体味蕴含于平常之物中的美妙。苏轼借这一点获得了心态的平衡和精神的愉悦，既超越现实，又未脱离现实。

2. 修身养性

道家历来主张通过特殊的修炼脱离人界，成仙永生，其方式往往是炼气或服食丹药。仙人去来自由、逍遥自在的生活谁人不羡？苏轼亦不例外，然而他对仙境的存在与否终究是心存怀疑的。苏轼利用道家之术来修身养性，他吸取其中有利于淡薄欲望、摒除杂念的有益成分，来帮助自己培养良好的情操和生活习惯，以借此摆脱世间的烦恼，保持内心的宁静。

三、佛道的超越

苏轼认为，佛道思想同儒家思想并不是完全对立的，而自有其相通之处。所以，他在亲近佛道时，以儒为本，借助佛道，超越佛道，实现了佛道思想的兼容并取。当然，在兼容并取佛道的过程中，他扬弃了一般学佛、学道者的玄虚莫测，吸收了佛道中比较切近人生实用的一面。曾枣庄在《苏轼评传》中说："苏轼虽然深受佛老思想的影响，特别是在政治失意后，但是他的思想的主流仍然是儒家思想。他吸收的释老思想，主要是吸收的他认为与儒家思想相通的部分。"

需要注意的是，苏轼学习和吸收佛道思想的总的倾向，并不是为了避世，而是追求一种超世俗、超功利的人生品位。

当苏轼恰当地兼容并取佛道思想之后，我们就可以在著名的《前赤壁赋》中，捕捉到这种从游于物内到游于物外，自忧转乐的心理轨迹，看到他跳出对个体生命的执着，置于宇宙之间，与万物共观，观出生命在别样意义上的永恒。这也使我们常能看到苏轼在诸多人生困境中，总能实现悲抑之后的昂扬，愁闷之后的淡定和旷达。用之于做人，则可"上陪玉皇大帝而不谄，下陪卑田院乞儿而不骄"；用之于观物，则能"尽物之妙""无往而不乐"，处顺而不自得，遇逆而不自失，实现了超越常人的人生境界。

第三节　融通三家，进退自如

《前赤壁赋》这篇千古美文是体现苏轼哲学思想的有代表性的作品，从中可以看到儒、释、道三家思想对苏轼的深刻影响。文中"清风徐来，水波不兴。举酒属客，诵明月之诗，歌窈窕之章"的境界，既是道家超脱世俗思想的流露，亦是儒家仁者乐山、智者乐水的突出体现。"浩浩乎如冯虚御风，而不知其所止；飘飘乎如遗世独立，羽化而登仙"借助的是道家的一般理想，又能让人联想到儒家太平治世理想的至高境界。从客与"我"的对话，则能看出儒家理想与佛道思想的斗争、融合。在这里，客和"我"，代表了作者思想矛盾的两个方面："我"的思想是儒家的积极人生态度，而客则是佛道兼有的综合体现。"自其变者而观之，则天地曾不能以一瞬；自其不变者而观之，则物与我皆无尽也，而又何羡乎"及"苟非吾之所有，虽一毫而莫取"的人生哲理，是融合了佛道的儒家思想的升华。最后"客喜而笑"，"杯盘狼藉，相与枕藉乎舟中，不知东方之既白"，就是主客融合，两个矛盾斗争体巧妙的合一。在儒、释、道三家思想的综合作用下，作者心结顿释、豁然开朗。

苏轼天赋异禀，又"奋厉有当世志"，但人生道路上风雨交加，仕途极为坎坷，正是靠了他特别的天赋——"天然的哲学头脑"，将儒、释、道等思想杂糅，使他能够一直迈步向前，进而"也无风雨也无晴"。

苏轼对儒、释、道的兼容并蓄，让他既有根植于儒家积极入世的进取精神，同时又借佛道思想来缓解个体的内心焦虑和生存困境，构建了一种相机转化、灵活通脱的人生智慧，实现了对儒、释、道三家思想的有机融合。

一、积极入世的理想追求

儒家思想强调人的道德修养，强调人以此为基础实现治平之目标，君子人格便是儒家道德修养的集中体现，《论语》中有很多论及君子的篇章，对君子人格做了多方面的论述。苏轼高扬士君子人格，其思想来源主要是儒家，他取中国传统思想之精华，用以论述"以天下为己任"之英杰所应具有的人格风范。

苏轼在为朝中重臣张方平所作的《乐全先生文集叙》中感叹道："士不以天下之重自任久矣!"他认为士君子入朝为臣，须有以天下为己任的担当精神，以正道事君。苏轼正是以此为大臣及士君子的人格定位。

苏轼强调士以气为主，他一生行事，正是有一种独立不惧的刚正之气支撑。他在《杭州召还乞郡状》中说："臣危言危行，独立不回。"在《祭亡兄端明文》里，苏辙说他"义气外强，道心内全，百折不摧，如有待然"，反映了苏轼坚强睿智、超然生死、直面惨淡人生的伟大人格。慷慨赴死易，而从容面对忧患则难，苏轼能做到"一蓑烟雨任平生"，正是因为有浩然正气、独立人格作为支撑。

二、超然物外的人生探索

苏轼于未进之时与既进之后对于人生诸种问题已有深刻的思考，追慕高尚人格，多次流露出对陶潜退隐归田的羡慕，但他一生并未退隐归田。在《送吕行甫司门倅河阳》一诗中他写道："归田虽未果，已觉去就轻。"苏轼把《庄子》思想的精髓——"超物我""齐生死"渗透于自己的审美意识之中，并发展为一种审美的人生态度，即将生活艺术化，以超然旷达的态度对待苦涩的人生。

苏轼是睿智的，他清醒地意识到政治生活的险恶和命运的飘忽无常，所以选择佛道思想来化解人生忧患，这样就能随缘自适，虽寓意于物而不留意于物，从而获得逍遥物外的精神自由。《庄子》描写的主体心灵在虚构的精神领域内任意驰骋想象的逍遥之游使苏轼自适，还促使他在创作中重视自我心灵的体认和内省。从苏轼的作品中我们看到，苏轼是现实的，苏轼又是浪漫的。现实的苏轼必须面对人生，所以他也体味着人生旅途中的种种滋味，而浪漫的苏轼总能使个人的精神意识超越于物我之上，具有一种涵盖万物的品格，也总能使他突破小我的局限，旷观宇宙之大，透视时间之久，拓展生命的领域，步入随缘任性、逍遥自由的精神境界，使创作有了一个新的角度。

三、乐观旷达的人生态度

"人生如梦"的虚幻性并没有妨碍苏轼去打量和审视内心世界，更没有使他颓唐、消极、避世，反而在这"世事一场大梦，人生几度新凉"的破灭感中找到了豁然开朗的旷达。既然人生如同梦幻，那么，面对人生境遇的变迁、外在环境的变化，更应该坦然从容。

“莫听穿林打叶声，何妨吟啸且徐行。竹杖芒鞋轻胜马，谁怕？一蓑烟雨任平生。料峭春风吹酒醒，微冷，山头斜照却相迎。回首向来萧瑟处，归去，也无风雨也无晴。”这首著名的《定风波》之前有一小序：“三月七日沙湖道中遇雨。雨具先去，同行皆狼狈，余独不觉。已而遂晴，故作此词。”在大雨滂沱之中，同行之人个个狼狈不堪，只有苏轼拄着竹杖从容前行，无论晴雨，诗人始终泰然自若，处变不惊。这里所写的是诗人经历风雨的真切感受，又何尝不是他对自己经历的一切政治风云的内心体验与反省？

宗白华先生在《美学散步》中曾论述道：“禅是中国人接触佛教大乘义后体认到自己心灵的深处而灿烂地发挥到哲学境界与艺术境界。静穆的观照和飞跃的生命构成艺术的两元，也是构成‘禅’的心灵状态。”在这种禅的心灵状态中，苏轼忘却了世俗的荣辱得失和纷纷扰扰，所注意的是江上清风，山间明月，是日常生活的点点滴滴。在《记承天寺夜游》中，他津津乐道自己因“月色入户”而“欣然起行”，感受到“庭下如积水空明，水中藻荇交横，盖竹柏影也。何夜无月，何处无竹柏，但少闲人如吾两人者耳”。苏轼在《与子安兄七首》之一中说：“岁猪鸣矣，老兄嫂团坐火炉头，环列儿女，坟墓咫尺，亲眷满目，便是人间第一等好事，更何所羡？”在诗词中他反复描绘自己对于生活的热爱：“村舍外，古城旁，杖藜徐步转斜阳。殷勤昨夜三更雨，又得浮生一日凉”（《鹧鸪天》），“照野弥弥浅浪，横空隐隐层霄。障泥未解玉骢骄，我欲醉眠芳草”（《西江月》），“九死蛮荒吾不恨，兹游奇绝冠平生”（《六月二十日夜渡海》）……无论人生如何起伏跌宕，苏轼都坦然、旷达待之，并在这种平静中体味着人生的意义。这也许正是林语堂在《苏东坡传》中论及苏轼时为什么说“他一生嬉游歌唱，自得其乐，悲哀和不幸降临，他总是微笑接受”，“他不屈的灵魂和人生观不容许他失去生活的乐趣”，反而快乐得“像一阵风”。

四、进退自如的人生范式

出仕与退隐既是中国古代文人一生面临的政治选择，也是他们处理自我与社会关系的一种方式。儒家文化的现实精神和进取态度一直就是中国文人的理想人格。然而，世界未必总如人意，甚至是总不如人意，这就需要个人寻求精神的解脱和心灵的安慰，道家的“无为”思想就有这种作用。儒道互补就成为“出仕”和“退隐”这一矛盾产生的文化土壤。然而，纵观中国文化史，无论是屈原式的悲怆、陶潜式的隐逸，还是李白式的高傲，似乎都没有很好地解决“出仕”和“退隐”这一矛盾，虽然他们的精神魅力令人仰视，但他们塑造的文化人格却有些失衡。

苏轼生活在表面平静而矛盾聚集的时代，他的家庭有着深厚的儒家文化底蕴，时代和家庭深刻地影响着他的价值观，对“功名”的追求是他青年时的唯一选择，他自信

"有笔头千字、胸中万卷，致君尧舜，此事何难"[1]，22 岁就考中了进士。苏轼为官期间，对社会怀有强烈的责任感，写了大量改革弊政、明道致用的政论，坚守着处"盛世"而作"危言"的"救时济世"的人生价值取向。但是，在仕途上苏轼却终生坎坷，夹在新旧两党之间，同时为两种相互敌对的势力所不容，再加上他的书生意气，使他屡遭打击和迫害，贬黄、贬惠、贬儋，成了其命运的必然。巨大的人生落差、痛苦的内心挣扎，使"出"还是"入"这一人生课题，当然地摆在了他的面前。

苏轼的思想，儒、释、道三家杂糅并存，在屡受打击、生活困顿的情况下，佛道的"出世"思想不能不深刻影响他。他的诗文让人强烈地感受到了那种人生的空幻感。李泽厚说苏轼的人生有空漠感，比以前任何口头上或事实上的"退隐""归田""遁世"更深刻、更沉重，那"是对整个存在、宇宙、人生、社会的怀疑、厌倦、无所希冀、无所寄托的深沉喟叹"。

面对这种根本上的人生空幻，一个人有两种选择，一是消极避世，遁入虚无；一是超越功利，升华境界。值得欣慰的是，苏轼选择了后者。他的这种文化选择，既是他精神价值长期积淀的结果，也是生活历练的结晶。既然悲哀和空幻具有普遍性，那为什么不从中超越出来，变空幻和悲哀为希望和乐观呢？于是，在苏轼这里，实现了对佛道思想中虚无颓废观念的摒弃，代之以超越世俗的精神自由，实现了对"悲哀的止抑"。坦然地面对生活的困厄，积极地对待生活，从内心冲突中领悟，从精神困境中解脱，他的内心建立起了一个宁静、平和、淡泊的美好世界。由此看来，不用退隐，人照样能实现精神的完善和超越，苏轼用他的文化智慧，很好地解决了"出"与"入"这一人生难题，使其文化人格提升到了一个新的高度。

苏轼的文化人格为我们提供了可以效仿的、一种进退自如的人生态度，苦乐由之的处世精神，得失随缘的养心原则。苏轼热爱生活、善于生活，既善于体验生活中的美，又善于表达这种美，从而充满了清洁的人文气息和可爱的世俗气息。到了杭州，他写"故乡无此好湖山"，到黄州，他写"长江绕郭知鱼美，好竹连山觉笋香"，到惠州他写"日啖荔枝三百颗，不辞长做岭南人"。

勇敢地承认悲剧人生的存在，以潇洒的态度直面逆境，以乐观自适善待生活，以苦中求乐享受人生，以超逸、旷达表达生命的诗情，既把自身融入世俗生活中，又永远行走在精神的高原，这就是苏轼文化人格的厚度、宽度和长度，也是一种诗性的人生态度。

本章小结

苏轼是众人仰慕的"千古第一文人"，是中国传统文化的集大成者。他并不是专业

① 谭新红．苏轼词全集［M］．武汉：长江出版传媒·崇文书局，2015：74.

的哲学家，但在哲学思想方面他表现出某种“集大成”的特点：儒、释、道三教在他身上都有体现。大致而言，苏轼前期主要受儒家思想的影响，后期较多地受佛道思想的影响。或者说，在政治方面，表现为积极入世、忠君爱民的儒家精神，在生活上，在人生态度上，尤其是政治上失意、人生陷入低谷时，佛道思想又占了上风。苏轼身上，儒、释、道这三家思想不是各自分离的，而是呈现一种合一融通的状态，这使苏轼拥有了中国历史上绝无仅有的文化人格，也使苏轼成为千百年来最强大和最受爱慕的中国文人之一。时代和环境造就了他，挫折和磨难也成全了他。珍视这份文化遗产，读苏轼，爱苏轼，学苏轼，让“吟啸徐行”的魅力永恒，也让我们在自己的人生中能像苏轼一样不惧风雨，活出强大。

【本章习题】

一、选择题

1. 中国古代的“三教”是(　　)。

A. 基督教、伊斯兰教、佛教　　B. 佛教、道教、伊斯兰教

C. 儒教、佛教、道教　　D. 道教、佛教、犹太教

2. 受母亲讲史的影响，儿时苏轼曾把(　　)当作人生榜样。

A. 诸葛亮　　B. 范滂　　C. 范仲淹　　D. 欧阳修

3. 领导军民抗洪，是苏轼在(　　)任上的事。

A. 杭州　　B. 密州　　C. 黄州　　D. 徐州

4. 下面诗词名句中，体现了佛道思想的是(　　)。

A. 一年好景君须记，最是橙黄橘绿时。

B. 小舟从此逝，江海寄余生。

C. 人生到处知何似？应似飞鸿踏雪泥。

D. 江山如画，一时多少豪杰。

5. 下面几座名山中，道教名山是(　　)

A. 峨眉山　　B. 青城山　　C. 贡嘎山　　D. 五台山

二、名词解释

1. 儒家　　2. 苏堤　　3. 返璞归真

三、简答题

1. 请谈谈你对“浩然之气”的看法。

2. 如果你的一位朋友，在一次志在必得的重要竞选中失败，又在寝室里误以为遭到冷嘲热讽，因而与同学发生了争执，受到辅导员批评，情绪低落，你该如何劝慰他？

参考文献

[1] 王水照. 苏轼 [M]. 上海：上海古籍出版社，1981.

[2] 苏轼. 苏轼文集 [M]. 孔凡礼，点校. 上海：上海古籍出版社，1986.

[4] 欧阳修．欧阳修文集．沈阳：辽海出版社，2010.
[5] 苏洵．唐宋名家文集：苏洵集［M］．何新所，注译．郑州：中州古籍出版社，2010.
[6] 脱脱．宋史［M］．北京：中华书局，2004.
[7] 杨伯峻．孟子译注［M］．北京：中华书局，2016.
[8] 苏辙．唐宋名家文集：苏辙集［M］．何新所，注译．郑州：中州古籍出版社，2010.
[9] 徐松．宋会要辑稿［M］．北京：中华书局，1957.
[10] 苏轼．苏轼诗集［M］．北京：中华书局，1982.
[11] 苏轼．苏轼词集［M］．上海：上海古籍出版社，2009.
[12] 谭新红．苏轼词全集［M］．武汉：崇文书局，2015.
[13] 曾枣庄．苏轼评传［M］．成都：四川人民出版社，1984.
[14] 宗白华．美学散步［M］．上海：上海人民出版社，1981.
[15] 王国维．人间词话［M］．上海：上海古籍出版社，1998.
[16] 李泽厚．美的历程［M］．北京：中国社会科学出版社，1984.